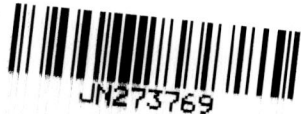

見学!

日本の大企業

ブリヂストン

編さん／こどもくらぶ

ほるぷ出版

はじめに

会社《かいしゃ》には、社員《しゃいん》が数名《すうめい》の零細企業《れいさいきぎょう》から、何千《なんぜん》・何万人《なんまんにん》もの社員《しゃいん》が働《はたら》くところまで、いろいろあります。社員数《しゃいんすう》や資本金《しほんきん》（会社《かいしゃ》の基礎《きそ》となる資金《しきん》）が多《おお》い会《かい》社《しゃ》を、ふつう大企業《だいきぎょう》とよんでいます。

日本《にほん》の大企業《だいきぎょう》の多《おお》くは、明治維新以降《めいじいしんいこう》に日本《にほん》が近代化《きんだいか》していく過程《かてい》や、第二《だいに》次世界大戦後《じせかいたいせんご》の復興《ふっこう》、高度経済成長《こうどけいざいせいちょう》の時代《じだい》などに誕生《たんじょう》しました。ところが、近《きん》年《ねん》の経済危機《けいざいきき》のなか、大企業《だいきぎょう》でさえ、事業規模《じぎょうきぼ》を縮小《しゅくしょう》したり、ほかの会社《かいしゃ》と合《がっ》併《べい》したりするなど、業績《ぎょうせき》の維持《いじ》にけん命《めい》です。いっぽうで、好調《こうちょう》に業績《ぎょうせき》をのばしている大企業《だいきぎょう》もあります。

企業《きぎょう》の業績《ぎょうせき》が好調《こうちょう》な理由《りゆう》のひとつは、独創的《どくそうてき》な生産《せいさん》や販売《はんばい》のくふうがあって、会社《かいしゃ》がどんなに大《おお》きくなっても、それを確実《かくじつ》に受《う》けついでいることです。また、業績《ぎょうせき》が好調《こうちょう》な企業《きぎょう》は、法律《ほうりつ》を守《まも》り、消費者《しょうひしゃ》ばかりでなく社員《しゃいん》のことも大切《たいせつ》にし、環境問題《かんきょうもんだい》への取《と》り組《く》みや、地域社会《ちいきしゃかい》への貢献《こうけん》もしっかりしています。さらに、人《ひと》やものが国境《こっきょう》をこえていきかう今日《こんにち》、グローバル化《か》への対応《たいおう》（世界規模《せかいきぼ》の取《と》り組《く》み）にも積極的《せっきょくてき》です。

このシリーズでは、日本《にほん》を代表《だいひょう》する大企業《だいきぎょう》を取《と》り上《あ》げ、その成功《せいこう》の背景《はいけい》にある生産《せいさん》、販売《はんばい》、経営《けいえい》のくふうなどを見《み》ていきます。

★

みなさんは、将来《しょうらい》、どんな会社《かいしゃ》で働《はたら》きたいですか。

大企業《だいきぎょう》というだけでは安定《あんてい》しているといえない時代《じだい》を生《い》きるみなさんには、このシリーズをよく読《よ》んで、大企業《だいきぎょう》であってもさまざまなくふうをしていかなければ生《い》き残《のこ》っていけないことをよく理解《りかい》し、将来《しょうらい》に役立《やくだ》ててほしいと願《ねが》います。

この巻《かん》では、世界《せかい》でもっとも大《おお》きなタイヤメーカーのひとつで、独自《どくじ》の技術《ぎじゅつ》力《りょく》をほこるブリヂストンをくわしく見《み》ていきます。

目《もく》次《じ》

BRIDGESTONE

1 世界《せかい》を舞台《ぶたい》に活躍《かつやく》するタイヤメーカー

ブリヂストンは、タイヤメーカーとして世界規模《せかいきぼ》で事業《じぎょう》をおこなうグローバル企業《きぎょう》。その実力《じつりょく》は、数字《すうじ》で見《み》ると一目《ひとめ》でわかる。

ブリヂストンの実力《じつりょく》

世界《せかい》に数《かず》あるタイヤメーカーのなかで、とくに大《おお》きな3社《しゃ》が、日本《にほん》のブリヂストン、フランスのミシュラン社《しゃ》、アメリカのグッドイヤー社《しゃ》です。これらは、世界《せかい》の三大《さんだい》メーカー（ビッグスリー）とよばれています。

2008（平成《へいせい》20）年以降《ねんいこう》、世界《せかい》のタイヤ市場《しじょう》でのブリヂストンのシェア*は、売《う》り上《あ》げ高《だか》でミシュラン社《しゃ》、グッドイヤー社《しゃ》をおさえてトップをつづけ、2011（平成《へいせい》23）年現在《ねんげんざい》も世界一《せかいいち》の座《ざ》にあります(→右上《みぎうえ》グラフ)。

*その企業《きぎょう》の製品《せいひん》が市場全体《しじょうぜんたい》で占《し》める売《う》り上《あ》げ高《だか》の割合《わりあい》。

●2011(平成《へいせい》23)年《ねん》の世界《せかい》タイヤ売《う》り上《あ》げ高《だか》の割合《わりあい》

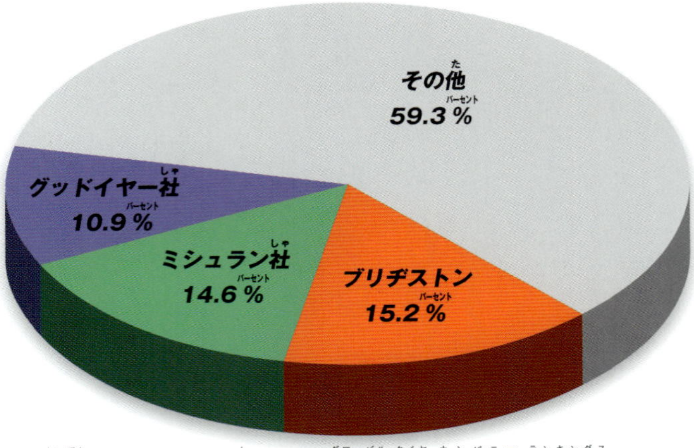

■出典《しゅってん》:タイヤビジネス誌《し》ー2012 Global Tire Company Rankings《グローバル タイヤ カンパニー ランキングス》

▼ブリヂストンが新《あたら》しく開発《かいはつ》したタイヤ印刷技術《いんさつぎじゅつ》を用《もち》いたタイヤ。新《あたら》しい技術《ぎじゅつ》により、質量《しつりょう》を増《ふ》やすことなく、燃費《ねんぴ》もおさえながら、タイヤに色《いろ》をつけることに成功《せいこう》した。

世界《せかい》じゅうに多《おお》くの生産拠点《せいさんきょてん》

2011（平成《へいせい》23）年末現在《ねんまつげんざい》、ブリヂストンの社員数《しゃいんすう》は、関連会社《かんれんがいしゃ》もふくめた合計《ごうけい》で約《やく》14万《まん》3000人《にん》です。2011（平成《へいせい》23）年《ねん》の年間《ねんかん》の総《そう》売《う》り上《あ》げは3兆円《ちょうえん》をこえ、その8割近《わりちか》くが海外《かいがい》での売《う》り上《あ》げです。

生産《せいさん》・開発拠点《かいはつきょてん》は、日本国内《にほんこくない》をはじめ、南北《なんぼく》アメリカ、ヨーロッパ、アジア、アフリカ、オーストラリアなど、25か国《こく》180か所以上《しょいじょう》にのぼります。タイヤの生産《せいさん》に使《つか》うゴムの量《りょう》は年間《ねんかん》189万t《まんトン》で、その内訳《うちわけ》は、日本《にほん》が57万t《まんトン》、南北《なんぼく》アメリカが58万t《まんトン》、ヨーロッパが25万t《まんトン》、その他《た》が49万t《まんトン》です。海外《かいがい》での生産量《せいさんりょう》が全体《ぜんたい》の約《やく》7割《わり》を占《し》めています。

これらの数値《すうち》からも、ブリヂストンがグローバル企業《きぎょう》であることがわかります。

高《たか》い技術力《ぎじゅつりょく》が評価《ひょうか》され、ブリヂストンのタイヤが使《つか》われたフォーミュラニッポンのレース(→p24)。三重県《みえけん》の鈴鹿《すずか》サーキットでおこなわれた。

世界《せかい》が評価《ひょうか》する技術力《ぎじゅつりょく》

ブリヂストンが世界有数《せかいゆうすう》のタイヤメーカーとなった最大《さいだい》の理由《りゆう》は、高《たか》い技術力《ぎじゅつりょく》にあるといわれています。タイヤの種類《しゅるい》はたくさんありますが、共通《きょうつう》しているのは、どんなタイヤも人《ひと》の命《いのち》を乗《の》せているということです。そのため、タイヤにいちばんに求《もと》められるのは安全性《あんぜんせい》で、タイヤメーカー各社《かくしゃ》は、安全性《あんぜんせい》の向上《こうじょう》のため技術《ぎじゅつ》をみがきます。

また、高《たか》い耐久性《たいきゅうせい》と乗《の》り心地《ここち》のよさ、そしてガソリンの消費量《しょうひりょう》を少《すく》なくする燃費《ねんび》*のよさも求《もと》められます。こうした条件《じょうけん》をすべて満《み》たすことではじめて、自動車《じどうしゃ》メーカーからもドライバーからも信頼《しんらい》を得《え》ることができます。世界《せかい》に評価《ひょうか》されるブリヂストンを支《ささ》えているのは、日本《にほん》が世界《せかい》にほこる、ものづくりの技術《ぎじゅつ》です。

* 燃料消費率《ねんりょうしょうひりつ》の略《りゃく》で、機械《きかい》が一定《いってい》の仕事量《しごとりょう》をこなすのに必要《ひつよう》な燃料《ねんりょう》の量《りょう》のこと。自動車《じどうしゃ》やオートバイの場合《ばあい》は、1リットルの燃料《ねんりょう》で走行《そうこう》できる距離《きょり》であらわす。

超大型《ちょうおおがた》ダンプ(→p27)に使《つか》われる、世界最大級《せかいさいだいきゅう》のタイヤ。右《みぎ》の写真《しゃしん》は人《ひと》と大《おお》きさをくらべるため、合成《ごうせい》されたもの。

2 創業者《そうぎょうしゃ》・石橋正二郎《いしばししょうじろう》

世界有数《せかいゆうすう》のタイヤメーカーであるブリヂストンは、石橋正二郎《いしばししょうじろう》がその基礎《きそ》をつくりあげた。正二郎《しょうじろう》は、福岡県《ふくおかけん》の久留米《くるめ》で実家《じっか》の仕立物屋《したてものや》をつぎ、実業家《じつぎょうか》として社会《しゃかい》に貢献《こうけん》しようとした。

17歳《さい》で家業《かぎょう》をつぐ

石橋正二郎《いしばししょうじろう》は1889（明治《めいじ》22）年《ねん》、現在《げんざい》の福岡県久留米市《ふくおかけんくるめし》で、父《ちち》・石橋徳次郎《いしばしとくじろう》、母《はは》・まつの次男《じなん》としてうまれました。

徳次郎《とくじろう》は、「志《し》まや」という仕立物屋《したてものや》を経営《けいえい》し、おもにシャツやズボン下《した》（ズボンの下《した》にはく下着《したぎ》）、足袋《たび》などをあつかっていました。

1906（明治《めいじ》39）年《ねん》、正二郎《しょうじろう》は、久留米商業学校《くるめしょうぎょうがっこう》を卒業後《そつぎょうご》すぐに「志《し》まや」に入《はい》り、兄《あに》の重太郎《しげたろう》とともに17歳《さい》で家業《かぎょう》をつぎました。

その年《とし》の暮《く》れ、兄《あに》の重太郎《しげたろう》が１年志願兵《ねんしがんへい》*として軍隊《ぐんたい》に入《はい》ったため、志《し》まやの経営《けいえい》は正二郎《しょうじろう》ひとりの責任《せきにん》になりました。

* １年《ねん》のあいだ、みずから希望《きぼう》して軍《ぐん》の隊員《たいいん》となる人《ひと》。

▲正二郎《しょうじろう》が父親《ちちおや》からついだ、志《し》まやたび本店《ほんてん》。自家製《じかせい》の看板《かんばん》がかかげられている。

▶ブリヂストンを創業《そうぎょう》し、1963（昭和《しょうわ》38）年《ねん》まで社長《しゃちょう》をつとめた石橋正二郎《いしばししょうじろう》。

人《ひと》をたいせつにして人《ひと》をいかす

正二郎《しょうじろう》が家業《かぎょう》をついで最初《さいしょ》に手《て》がけたのが、従《じゅう》業員《ぎょういん》の待遇改善《たいぐうかいぜん》でした。当時《とうじ》は、丁稚《でっち》（見習《みなら》い）という制度《せいど》が取《と》り入《い》れられていて、どんな商売《しょうばい》でも、丁稚《でっち》は給料《きゅうりょう》もなく、年《ねん》に数日《すうじつ》をのぞき、決《き》まった休日《きゅうじつ》もありませんでした。

丁稚制度《でっちせいど》をやめて、従業員《じゅうぎょういん》の給料《きゅうりょう》と休日《きゅうじつ》を決《き》めたいとする正二郎《しょうじろう》の意見《いけん》に、「ただ同然《どうぜん》で使《つか》える丁稚《でっち》に給料《きゅうりょう》を払《はら》ったらもうけがなくなる」と父《ちち》・徳次郎《とくじろう》は大反対《だいはんたい》をしました。しかし最後《さいご》は、「従《じゅう》業員《ぎょういん》をたいせつにすれば、仕事《しごと》にも熱《ねつ》が入《はい》り、それがまわりまわって商売《しょうばい》の利益《りえき》につながる」という正二郎《しょうじろう》の意見《いけん》を受《う》け入《い》れることになりました。

このころから正二郎《しょうじろう》には、「人《ひと》をたいせつにして人《ひと》をいかすことが事業《じぎょう》ではもっとも重要《じゅうよう》」という考《かんが》えがありました。

苦闘《くとう》の連続《れんぞく》

正二郎《しょうじろう》は、商品《しょうひん》の売《う》り上《あ》げ金額《きんがく》から原材料費《げんざいりょうひ》や人件費《じんけんひ》、広告費《こうこくひ》などをのぞいた利益《りえき》の割合《わりあい》を、売《う》り上《あ》げ全体《ぜんたい》の１割《わり》と決《き》めました。それを基準《きじゅん》に商《しょう》品《ひん》の価格《かかく》を下《さ》げ、客《きゃく》を満足《まんぞく》させようと考《かんが》えていました。当時《とうじ》、足袋《たび》の場合《ばあい》では利益《りえき》を２割見込《わりみこ》むことが常識《じょうしき》だったため、これは革新的《かくしんてき》なことでした。

家業《かぎょう》をついだはじめのころから、正二郎《しょうじろう》はこのような経営方針《けいえいほうしん》をもってのぞみましたが、ほかの大《おお》きな会社《かいしゃ》との販売競争《はんばいきょうそう》は、小《ちい》さな志《し》まやにとって楽《らく》ではありませんでした。正二郎《しょうじろう》はのちにこの時期《じき》について、「17歳《さい》から24歳《さい》までの８年間《ねんかん》は苦闘《くとう》の連続《れんぞく》であった。しかし、その体験《たいけん》が今日《こんにち》の役《やく》に立《た》っている」と記《しる》しています。

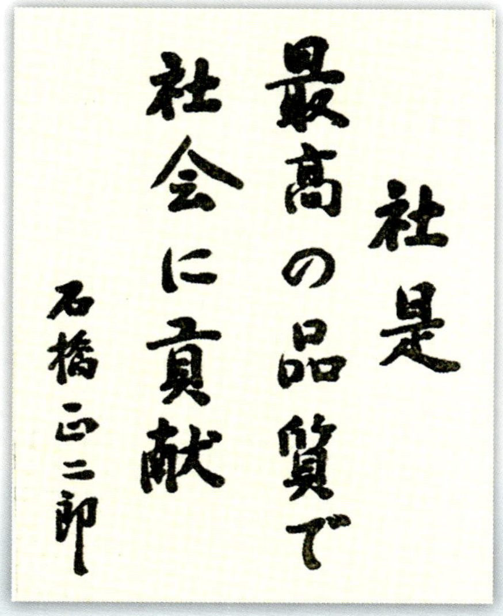

1968（昭和《しょうわ》43）年《ねん》、正二郎《しょうじろう》の経営理念《けいえいりねん》にもとづいて制定《せいてい》されたブリヂストンの社是《しゃぜ》（会《かい》社《しゃ》の基本方針《きほんほうしん》）。当時《とうじ》会長《かいちょう》をつとめていた正《しょう》二郎《じろう》みずからの書《しょ》。

経営者《けいえいしゃ》としての才覚《さいかく》

「事業《じぎょう》は世《よ》のため人《ひと》のため」が、正二郎《しょうじろう》の経営《けいえい》者《しゃ》としての基本的《きほんてき》な姿勢《しせい》でした。従業員《じゅうぎょういん》をたいせつにするのも、適正《てきせい》な利益《りえき》で商品《しょうひん》を販売《はんばい》するのも、事業《じぎょう》の目標《もくひょう》を、世《よ》のため人《ひと》のために役《やく》に立《た》つということに定《さだ》めていたからだといえます。

この道《みち》から少《すこ》しでもはずれたら、一時《いちじ》はもうかっても、長《なが》い目《め》で見《み》れば、いつかは客《きゃく》からも世《せ》間《けん》からも見放《みはな》されてしまうということを、正二郎《しょうじろう》は知《し》っていたのです。

この姿勢《しせい》は、実直《じっちょく》で勤勉《きんべん》な父《ちち》・徳次郎《とくじろう》の生《い》き方《かた》から学《まな》びました。17歳《さい》で家業《かぎょう》をついでから、正《しょう》二郎《じろう》は生涯《しょうがい》、この信念《しんねん》を貫《つらぬ》き通《とお》していきます。経《けい》営者《えいしゃ》としての才覚《さいかく》は、はやくもこのときからめばえていました。

ブリヂストン ミニ事典《じてん》

石橋正二郎《いしばししょうじろう》が米国自動車殿堂入《べいこくじどうしゃでんどうい》り

2006（平成《へいせい》18）年《ねん》4月《がつ》、ブリヂストンの創業《そうぎょう》者《しゃ》・石橋正二郎《いしばししょうじろう》が、「米国自動車殿堂《べいこくじどうしゃでんどう》」への殿堂《でんどう》入《い》りをすることが決《き》まった。米国自動車殿堂《べいこくじどうしゃでんどう》とは、世界《せかい》の自動車産業《じどうしゃさんぎょう》に功績《こうせき》のあった人《ひと》びとをたたえるもの。日本人《にほんじん》で殿堂入《でんどうい》りをはたしたのは、本田技研工業《ほんだぎけんこうぎょう》の本田宗一郎《ほんだそういちろう》、トヨタ自動車《じどうしゃ》の豊田英二《とよだえいじ》などにつぎ、6人目《にんめ》となった。

3 仕立物屋《したてものや》からタイヤメーカーへ

仕立物屋《したてものや》から、足袋《たび》の生産《せいさん》と販売《はんばい》、そしてタイヤ生産《せいさん》へ。
家業《かぎょう》をついだ若《わか》い石橋正二郎《いしばししょうじろう》は、
事業《じぎょう》を世界一《せかいいち》にするという夢《ゆめ》に向《む》かって、
階段《かいだん》を一段《いちだん》ずつ上《のぼ》りはじめる。

▲志《し》まやたびの広告《こうこく》・宣伝《せんでん》のため、石橋正二郎《いしばししょうじろう》が購入《こうにゅう》した自動《じどう》車《しゃ》。アメリカのスチュードベーカーという会社《かいしゃ》が製造《せいぞう》した、とても高価《こうか》な自動車《じどうしゃ》だった。

足袋《たび》の生産《せいさん》・販売革命《はんばいかくめい》

事業《じぎょう》をおこすなら世界一《せかいいち》をめざすというのが、正二郎《しょうじろう》の夢《ゆめ》でした。仕立物屋《したてものや》は、それなりにもうかっていましたが、ライバルも多《おお》く、成長《せいちょう》がのぞめないと正二郎《しょうじろう》は判断《はんだん》しました。

そこで選《えら》んだのが、需要《じゅよう》が高《たか》かった足袋《たび》の生産《せいさん》と販売《はんばい》でした。仕立物屋《したてものや》をやめて足袋《たび》に専念《せんねん》することにした正二郎《しょうじろう》は、それまで手《て》づくりだった足袋《たび》の生産方法《せいさんほうほう》を、ミシンを用《もち》いた方法《ほうほう》に切《き》りかえ、大量生産《たいりょうせいさん》に成功《せいこう》しました。そして、種類《しゅるい》によってばらばらだった足袋《たび》の価格《かかく》を、現在《げんざい》の100円《えん》ショップのように均一《きんいつ》にする、思《おも》い切《き》った販売方法《はんばいほうほう》を取《と》り入《い》れました。

この販売方法《はんばいほうほう》は大好評《だいこうひょう》で、無名《むめい》だった志《し》まやの足袋《たび》は、飛《と》ぶように売《う》れていきました。この成功《せいこう》をきっかけに、だれもがおぼえやすく親《した》しみをもてるようにと、商品名《しょうひんめい》を「アサヒ足袋《たび》」としました。

自動車《じどうしゃ》との出会《であ》い

正二郎《しょうじろう》が自動車《じどうしゃ》をはじめて見《み》たのは、1911（明治《めいじ》44）年《ねん》、東京《とうきょう》に出張《しゅっちょう》した22歳《さい》のときでした。当時《とうじ》の自動車《じどうしゃ》は、「煙《けむり》をださない汽車《きしゃ》」「馬《うま》のない馬車《ばしゃ》」などとよばれていました。日本全国《にほんぜんこく》でも、自家用車《じかようしゃ》が354台《だい》、タクシー、トラック、軍用車《ぐんようしゃ》が190台《だい》ほどしかなく、九州《きゅうしゅう》では自動車《じどうしゃ》は1台《だい》も走《はし》っていませんでした。

自動車《じどうしゃ》のまわりにたくさんの見物人《けんぶつにん》が集《あつ》まるのを目撃《もくげき》した正二郎《しょうじろう》は、自動車《じどうしゃ》の購入《こうにゅう》を決意《けつい》します。そして、自動車《じどうしゃ》に「志《し》まや」の屋号《やごう》をつけて久留《くる》米《め》のまちを走《はし》らせました。予想《よそう》どおりの宣伝効果《せんでんこうか》で、「志《し》まや」の名前《なまえ》はあっというまに知《し》れわたり、足袋《たび》の売《う》り上《あ》げものびました。

このとき、正二郎《しょうじろう》の心《こころ》には、「やがて自動車《じどうしゃ》の時代《じだい》がくる」という確信《かくしん》がめばえ、それがタイヤづくりの決断《けつだん》へとつながります。

▶志《し》まやたびの営業案《えいぎょうあん》内《ない》。広告《こうこく》・宣伝《せんでん》のために購入《こうにゅう》した自動車《じどうしゃ》がえがかれている。

はき物革命《ものかくめい》、地下足袋《じかたび》の製造《せいぞう》

1920年代《ねんだい》、正二郎《しょうじろう》が次《つぎ》に目《め》をつけたのが、当《とう》時《じ》の勤労者《きんろうしゃ》のはき物《もの》だったわらじでした。わらを編《あ》んでつくったわらじは、すり減《へ》るのがはやく、すぐに使《つか》いものにならなくなります。もっと長《なが》もちしてはきやすく、客《きゃく》に喜《よろこ》ばれるはき物《もの》はないものかと考《かんが》えていたときに、正二郎《しょうじろう》が知《し》ったのが、外国人《がいこくじん》がテニスをするときにはいているゴム底《ぞこ》のテニスシューズでした。

これをヒントに1922（大正《たいしょう》11）年《ねん》に開発《かいはつ》したのが、足袋《たび》の底《そこ》にゴムをはりつけた「地下足《じかた》袋《び》」です。地下足袋《じかたび》はじょうぶで、地面《じめん》を歩《ある》いてもやぶけにくいため、それまでのはき物《もの》の常識《じょうしき》をくつがえす革命《かくめい》となりました。じょうぶなだけでなく、作業《さぎょう》の効率《こうりつ》や安全性《あんぜんせい》も上《あ》がったため、多《おお》くの客《きゃく》に喜《よろこ》ばれました。

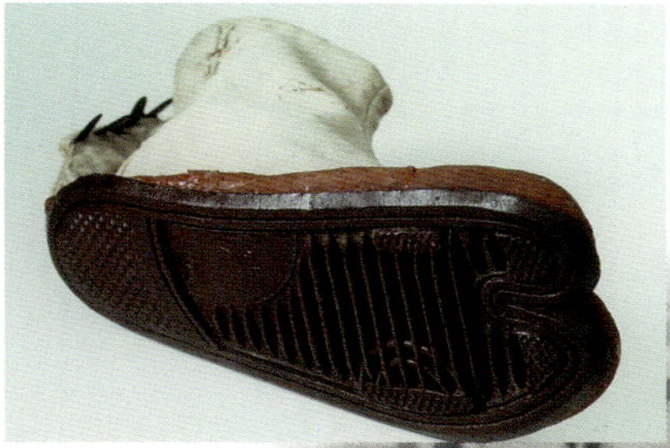

◀志《し》まやの地下足袋《じかたび》。生産開始《せいさんかいし》の５年後《ねんご》には、年間《ねんかん》の生産《せいさん》数量《すうりょう》1000万足《まんそく》を記《き》録《ろく》した。

国産《こくさん》タイヤへの挑戦《ちょうせん》

地下足袋製造《じかたびせいぞう》でゴムの可能性《かのうせい》を知《し》った正二郎《しょうじろう》は、タイヤの生産《せいさん》に乗《の》りだす決心《けっしん》をします。

ところが、自動車《じどうしゃ》の普及台数《ふきゅうだいすう》も少《すく》なく、タイヤは輸入品《ゆにゅうひん》が多《おお》い時代《じだい》に、製造方法《せいぞうほうほう》もわからないのにタイヤの生産《せいさん》に乗《の》りだすことはあまりにも無謀《むぼう》だと、社内《しゃない》から反対《はんたい》の声《こえ》があがりました。

それでも正二郎《しょうじろう》の決心《けっしん》は変《か》わらず、本社《ほんしゃ》のそばの倉庫《そうこ》を改造《かいぞう》して工場《こうじょう》とし、高価《こうか》な製造機器《せいぞうきき》を買《か》い入《い》れ、1930（昭和《しょうわ》５）年《ねん》２月《がつ》、タイヤの開発《かいはつ》をはじめたのです。そしてその年《とし》の４月《がつ》、ついに第《だい》１号《ごう》タイヤが完成《かんせい》しました。

しかし、「足袋屋《たびや》のタイヤなど使《つか》えない」と相《あい》手《て》にもされず、さんざんな結果《けっか》でした。「地下足《じかた》袋《び》で成功《せいこう》したのにタイヤで経営《けいえい》はパンクする」など、世間《せけん》では陰口《かげぐち》をたたかれました。

▼1930（昭和《しょうわ》５）年《ねん》４月９日《がつここのか》午後《ごご》４時《じ》、第《だい》１号《ごう》のタイヤが誕生《たんじょう》したとき。最初《さいしょ》のタイヤは、小型乗用車用《こがたじょうようしゃよう》だった。

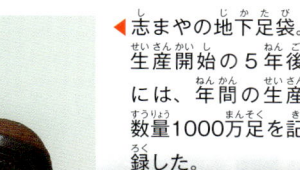

4 創業時《そうぎょうじ》の販売戦略《はんばいせんりゃく》

石橋正二郎《いしばししょうじろう》はブリッヂストンタイヤ（現在《げんざい》のブリヂストン）を創業《そうぎょう》し、どうしたらタイヤを買《か》ってもらえるのかと必死《ひっし》で考《かんが》えた。その結果《けっか》、たくみな販売戦略《はんばいせんりゃく》によって客《きゃく》の心《こころ》をつかみ、日本国内《にほんこくない》だけでなく海外《かいがい》へもタイヤを売《う》るようになる。

ブリッヂストンタイヤの誕生《たんじょう》

「自動車《じどうしゃ》の時代《じだい》は必《かなら》ずくる」と確信《かくしん》し、決《けっ》してあきらめなかった正二郎《しょうじろう》は、本格的《ほんかくてき》にタイヤ生産《せいさん》に取《と》り組《く》んでいきます。

タイヤの生産《せいさん》にあたって、製品名《せいひんめい》を決《き》める必要《ひつよう》がありました。当時日本《とうじにほん》で使《つか》われていたタイヤは海外《かいがい》からの輸入品《ゆにゅうひん》が中心《ちゅうしん》で、それらの名前《なまえ》の多《おお》くは、ダンロップやファイアストンなど、発明者《はつめいしゃ》や創業者《そうぎょうしゃ》の名前《なまえ》からつけられていました。

正二郎《しょうじろう》は、海外《かいがい》へのタイヤの輸出《ゆしゅつ》をめざしていたこともあり、自社《じしゃ》のタイヤの名前《なまえ》も英語《えいご》として通用《つうよう》するものにしようと考《かんが》えました。そして、自《じ》分《ぶん》の苗字《みょうじ》の「石橋《いしばし》」を「stone《ストーン》（石《いし》）bridge《ブリッヂ》（橋《はし》）」と英語《えいご》に訳《やく》し、それをさかさまにして、「ブリッヂストン」という名前《なまえ》を考《かんが》えたのです。

こうしてタイヤの名前《なまえ》を決《き》め、試作《しさく》とテスト販《はん》売《ばい》をすすめていきました。そして1931（昭和《しょうわ》6）年《ねん》、それまで足袋製造会社《たびせいぞうがいしゃ》の一部門《いちぶもん》だったタイヤ部《ぶ》を会社《かいしゃ》として独立《どくりつ》させることになり、社名《しゃめい》を「ブリッヂストンタイヤ」と決《き》めました。現在《げんざい》のブリヂストンの誕生《たんじょう》です。

このとき、石《いし》づくりの橋《はし》を支《ささ》える要石《かなめいし》のかたちをしたマークのなかに、bridge《ブリッヂ》の頭文字《かしらもじ》「B《ビー》」とstone《ストーン》の頭文字《かしらもじ》「S《エス》」をはめこみ、これを会社《かいしゃ》のマークとしました。

◀創業当時《そうぎょうとうじ》のロゴマーク。要石《かなめいし》のなかに、B《ビー》とS《エス》の２文字《もじ》がえがかれている。

品質責任保証制《ひんしつせきにんほしょうせい》

輸入《ゆにゅう》タイヤとくらべ、国産《こくさん》タイヤが品質面《ひんしつめん》での信用《しんよう》を得《え》ることはかんたんではありませんでした。正二郎《しょうじろう》が次《つぎ》にとった戦略《せんりゃく》は、「当社《とうしゃ》のタイヤに不備《ふび》が生《しょう》じたら責任《せきにん》をもって取《と》りかえます」という「品質責任保証制《ひんしつせきにんほしょうせい》」の導入《どうにゅう》でした。

「ブリッヂストンのタイヤは安心《あんしん》して自動車《じどうしゃ》に装着《そうちゃく》できる」と客《きゃく》に思《おも》わせるねらいは、みごとにあたり、売《う》り上《あ》げはのびました。しかし、製品《せいひん》そのものへの信頼《しんらい》が増《ま》したわけではありません。何《なん》の不備《ふび》もないのに、少《すこ》しでも気《き》に入《い》らないと、返《へん》品《ぴん》したり交換《こうかん》を求《もと》めたりする客《きゃく》もいました。その結果《けっか》、もどってきたタイヤは10万本《まんぼん》にのぼり、経営《けいえい》は苦境《くきょう》に追《お》いこまれてしまいました。

アメリカの自動車《じどうしゃ》メーカーに認《みと》められた性能《せいのう》

タイヤの発売《はつばい》から２年後《ねんご》の1932（昭和《しょうわ》７）年《ねん》以来《いらい》、ブリッヂストンタイヤにじょじょに追《お》い風《かぜ》がふきます。フォード社《しゃ》やゼネラルモーターズ社《しゃ》など、アメリカの自動車《じどうしゃ》メーカーにタイヤの性能《せいのう》が認《みと》められ、新《あたら》しくつくられる自動車《じどうしゃ》でタイヤを使《つか》ってもらえることになったのです。

▲1938（昭和《しょうわ》13）年《ねん》、ゼネラルモーターズ社《しゃ》の自動車《じどうしゃ》にブリッヂストン製《せい》のタイヤが装着《そうちゃく》されたところ。

海外市場《かいがいしじょう》をねらえ

正二郎《しょうじろう》は、本格的《ほんかくてき》な自動車《じどうしゃ》の時代《じだい》が到来《とうらい》したとき、タイヤを輸出《ゆしゅつ》すれば、資源《しげん》の少《すく》ない日本《にほん》にとって大《おお》きな利益《りえき》になると考《かんが》えていました。輸出《ゆしゅつ》によって国《くに》をうるおすことになれば、それが世《よ》のため人《ひと》のためになるとも考《かんが》えていました。

当時《とうじ》、アメリカを皮切《かわき》りにヨーロッパでも自動車《じどうしゃ》の普及《ふきゅう》がすすみ、世界《せかい》のタイヤ市場《しじょう》は急速《きゅうそく》に拡大《かくだい》していました。

このときを輸出《ゆしゅつ》の好機《こうき》と考《かんが》えた正二郎《しょうじろう》は、1932（昭和《しょうわ》7）年《ねん》から、海外市場《かいがいしじょう》の調査《ちょうさ》のため、東南《とうなん》アジア、ニュージーランド、インドなどに社員《しゃいん》をおくりました。同時《どうじ》に輸出《ゆしゅつ》を開始《かいし》し、この年《とし》には1万《まん》4000本《ぼん》のタイヤの輸出《ゆしゅつ》に成功《せいこう》しました。また、海外《かいがい》にタイヤを販売《はんばい》する代理店《だいりてん》をおき、みるみる業績《ぎょうせき》をのばしていきました。

こうしてタイヤの輸出《ゆしゅつ》が増《ふ》えたことで、ようやく売《う》り上《あ》げも安定《あんてい》し、ブリッヂストンタイヤの経営《けいえい》も軌道《きどう》に乗《の》りはじめました。これで自信《じしん》を深《ふか》めた正二郎《しょうじろう》は、本格的《ほんかくてき》に海外市場《かいがいしじょう》に乗《の》りだすことになります。

▼1930年代《ねんだい》のインドネシアの代理店《だいりてん》。

5 戦争《せんそう》を乗《の》りこえて

**1937 (昭和《しょうわ》12) 年《ねん》にはじまった日中戦争《にっちゅうせんそう》は、
やがて第二次世界大戦《だいにじせかいたいせん》へと発展《はってん》する。
軍需品《ぐんじゅひん》の製造《せいぞう》が優先的《ゆうせんてき》にすすめられ、
タイヤの原料《げんりょう》となるゴムの使用《しよう》もきびしく制限《せいげん》された。**

ブリッヂストンから日本《にほん》タイヤへ

1937（昭和《しょうわ》12）年《ねん》、戦争《せんそう》がはげしさを増《ま》すなか、ブリッヂストンタイヤは、本社《ほんしゃ》を福岡県《ふくおかけん》の久留米市《くるめし》から東京都《とうきょうと》の内幸町《うちさいわいちょう》に移転《いてん》し、1942（昭和《しょうわ》17）年《ねん》には会社名《かいしゃめい》を「日本《にほん》タイヤ」に変《か》えることになりました。これは、戦争相手《せんそうあいて》となるアメリカやイギリスの言葉《ことば》として英語《えいご》の使用《しよう》が禁止《きんし》されたため、ブリッヂストンという言葉《ことば》が使《つか》えなくなってしまったからです。

こうした動《うご》きは、人《ひと》びとの生活《せいかつ》にもさまざまな影響《えいきょう》をもたらしました。当時《とうじ》、とても人気《にんき》があった野球《やきゅう》では、ストライクが「ヨシ」、ファールは「ダメ」といいかえられ、カレーライスは「辛味入汁《からみいりしる》掛飯《かけめし》」、ピアノは「洋琴《ようきん》」などとされました。

戦時統制《せんじとうせい》のもとで

戦争《せんそう》がはげしくなるにつれ、さまざまな物資《ぶっし》が不足《ふそく》しはじめ、政府《せいふ》は物資動員計画《ぶっしどういんけいかく》*をおこないました。その結果《けっか》、それまでは自由《じゆう》に使《つか》えたあらゆる物資《ぶっし》が、割《わ》り当《あ》て制《せい》となって使用《しよう》が制限《せいげん》されるようになりました。

なかでも、タイヤの原料《げんりょう》となる天然《てんねん》ゴムは、軍《ぐん》のトラックや戦闘機《せんとうき》のタイヤ、防毒《ぼうどく》マスク、軍《ぐん》靴《か》、ゴムベルト、ゴムホースなど、軍需品《ぐんじゅひん》の製造《せいぞう》に優先的《ゆうせんてき》に使《つか》われるようになります。

くわえて、自動車用《じどうしゃよう》タイヤの生産《せいさん》とガソリンの販売《はんばい》が制限《せいげん》されたため、まちには、動《うご》かすことのできない自動車《じどうしゃ》があふれました。

▲ブリッヂストンタイヤから社名《しゃめい》を変《か》えた日本《にほん》タイヤの事業案内《じぎょうあんない》・カタログ。

▲第二次世界大戦《だいにじせかいたいせん》で使《つか》われた戦闘《せんとう》機《き》「隼《はやぶさ》」に使用《しよう》された、日本《にほん》タイヤ製《せい》のタイヤ。

▲東京都《とうきょうと》京橋《きょうばし》のブリヂストンビル。1941（昭和《しょうわ》16）年《ねん》につくられたビルが第二次世界大戦《だいにじせかいたいせん》の空襲《くうしゅう》で焼《や》けたため、その跡地《あとち》に1951（昭和《しょうわ》26）年《ねん》に建《た》てられたもの。

* 戦争《せんそう》に使《つか》われる軍需用品《ぐんじゅようひん》の生産《せいさん》に、国内《こくない》の物資《ぶっし》を集中《しゅうちゅう》させるための計画《けいかく》。1938（昭和《しょうわ》13）年《ねん》からはじまり、第二次世界大戦《だいにじせかいたいせん》で日本《にほん》が負《ま》けるまでおこなわれた。

世界最大《せかいさいだい》のタイヤメーカーとのつながり

1942（昭和《しょうわ》17）年《ねん》、日本軍《にほんぐん》は、オランダ領《りょう》ジャワ（現在《げんざい》のインドネシア）に進出《しんしゅつ》しました。そこで、当時《とうじ》世界最大《せかいさいだい》のタイヤメーカーだったグッドイヤー社《しゃ》（アメリカ）の工場《こうじょう》を強制的《きょうせいてき》に取《と》り上《あ》げ、その運営《うんえい》を日本《にほん》タイヤにゆだねました。この工場《こうじょう》では、タイヤの原料《げんりょう》の天然《てんねん》ゴムの確保《かくほ》もかんたんで、日本《にほん》タイヤにとって願《ねが》ってもない条件《じょうけん》がそろっていました。

石橋正二郎《いしばししょうじろう》は、現地《げんち》に派遣《はけん》する社員《しゃいん》に対《たい》し、「この戦争《せんそう》は、いまは日本《にほん》が有利《ゆうり》だが、今後《こんご》はどうなるかわからない。仮《かり》に引《ひ》き上《あ》げることになった場合《ばあい》でも、決《けっ》して工場《こうじょう》を破壊《はかい》するようなことはしてはならない。完全《かんぜん》なままで、グッドイヤー社《しゃ》に返《かえ》すこと」と指示《しじ》をします。

この対応《たいおう》が、のちにブリヂストンを世界《せかい》へと飛躍《ひやく》させる大《おお》きなきっかけになります。

ブリヂストン ミニ事典《じてん》

合成《ごうせい》ゴムの開発《かいはつ》

第二次世界大戦前後《だいにじせかいたいせんぜんご》、世界的《せかいてき》に自動車《じどうしゃ》の生産《せいさん》が増《ふ》え、タイヤに使《つか》われる天然《てんねん》ゴムの需要《じゅよう》は多《おお》くなっていった。いっぽうで、天然《てんねん》ゴムの原料《げんりょう》となるパラゴムノキの農園《のうえん》がある場所《ばしょ》は、東南《とうなん》アジアを中心《ちゅうしん》とした一部《いちぶ》の地域《ちいき》にかぎられていた。しかも、天候《てんこう》などの自然条件《しぜんじょうけん》によって生産量《せいさんりょう》が左右《さゆう》されるため、天然《てんねん》ゴムの生産《せいさん》は不安定《ふあんてい》だった。

こうしたなか、化学物質《かがくぶっしつ》を使《つか》い、天然《てんねん》ゴムに似《に》た性質《せいしつ》をもつ「合成《ごうせい》ゴム」をつくる研究《けんきゅう》が、世界的《せかいてき》にすすめられていた。日本《にほん》タイヤでも1936（昭和《しょうわ》11）年《ねん》に研究所《けんきゅうじょ》を開設《かいせつ》し、1941（昭和《しょうわ》16）年《ねん》に合成《ごうせい》ゴムの開発《かいはつ》に成功《せいこう》。この合成《ごうせい》ゴムを「BS《ビーエス》ゴム」と名《な》づけ、当時《とうじ》さかんに製造《せいぞう》した。

▶パラゴムノキ。木《き》に傷《きず》をつけ、でてきた樹液《じゅえき》が天然《てんねん》ゴムの原料《げんりょう》となる。現在《げんざい》、天然《てんねん》ゴムの生産量《せいさんりょう》の多《おお》くをインドネシア、タイ、マレーシアが占《し》める。

▼日本《にほん》タイヤが日本軍《にほんぐん》から運営《うんえい》をまかされた、グッドイヤー社《しゃ》のジャワ工場《こうじょう》。

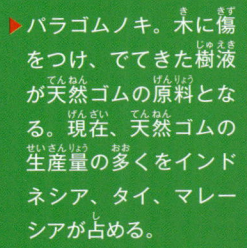

6 ゼロからの再出発《さいしゅっぱつ》

1945（昭和《しょうわ》20）年《ねん》8月《がつ》15日《にち》、戦争《せんそう》は終《お》わった。
アメリカ軍《ぐん》による空襲《くうしゅう》で、日本《にほん》の各地《かくち》は焼《や》け野原《のはら》となり、
日本《にほん》の産業《さんぎょう》は大《おお》きな被害《ひがい》を受《う》けたため、
日本《にほん》タイヤ（ブリヂストン）もゼロからの出発《しゅっぱつ》となった。

終戦《しゅうせん》から2か月《げつ》でタイヤ生産《せいさん》を再開《さいかい》

第二次世界大戦《だいにじせかいたいせん》により、日本《にほん》タイヤは、東京《とうきょう》の本社《ほんしゃ》を空襲《くうしゅう》で焼失《しょうしつ》し、多《おお》くの工場《こうじょう》が被害《ひがい》を受《う》けました。しかし、ほかのタイヤメーカーとくらべると、いくつかの幸運《こううん》がありました。それは、神奈川県《かながわけん》の横浜工場《よこはまこうじょう》と福岡県《ふくおかけん》の久留米工場《くるめこうじょう》がほとんど無傷《むきず》で、しかも、タイヤの原料《げんりょう》の天然《てんねん》ゴムやコード(→p15)が無事《ぶじ》だったことです。

日本《にほん》タイヤは終戦《しゅうせん》からわずか2か月後《げつご》の10月《がつ》、タイヤの生産《せいさん》を再開《さいかい》しました。できるかぎりはやくタイヤの生産《せいさん》を再開《さいかい》し、製品《せいひん》を供給《きょうきゅう》することが、日本《にほん》の復興《ふっこう》の手助《てだす》けになると考《かんが》えたためです。

▲1945（昭和《しょうわ》20）年《ねん》8月《がつ》、戦争《せんそう》が終《お》わったときの久留米工場《くるめこうじょう》。

グッドイヤー社《しゃ》との技術提携《ぎじゅつていけい》

第二次世界大戦《だいにじせかいたいせん》が終《お》わった4年後《ねんご》の1949（昭和《しょうわ》24）年《ねん》、石橋正二郎《いしばししょうじろう》は、GHQ《ジーエイチキュー》（戦後《せんご》の日本《にほん》を管理《かんり》していた連合国軍最高司令官総司令部《れんごうこくぐんさいこうしれいかんそうしれいぶ》）の高官《こうかん》にともなわれた、ある人物《じんぶつ》の訪問《ほうもん》を受《う》けます。その人物《じんぶつ》は、戦争中《せんそうちゅう》に日本《にほん》タイヤが運営《うんえい》をまかされたグッドイヤー社《しゃ》ジャワ工場《こうじょう》(→p13)の責任者《せきにんしゃ》でした。

その責任者《せきにんしゃ》は、グッドイヤー社《しゃ》と提携《ていけい》する企業《きぎょう》を日本《にほん》でさがしていて、その交渉相手《こうしょうあいて》として日本《にほん》タイヤを選《えら》んだのです。その理由《りゆう》は、「戦争《せんそう》が終《お》わってジャワ工場《こうじょう》にもどってみると、日本軍《にほんぐん》に取《と》り上《あ》げられる前《まえ》よりもきれいになっていた。そうした対応《たいおう》をする企業《きぎょう》であれば、提携先《ていけいさき》として信用《しんよう》できる」ということでした。

アメリカの先進的《せんしんてき》なタイヤ技術《ぎじゅつ》を求《もと》めていた正二郎《しょうじろう》は、世界最大《せかいさいだい》のタイヤメーカー（当時《とうじ》）のグッドイヤー社《しゃ》と提携《ていけい》することを決断《けつだん》します。

ブリヂストンタイヤへ

第二次世界大戦後《だいにじせかいたいせんご》、南北《なんぼく》に分断《ぶんだん》されていた朝鮮半島《ちょうせんはんとう》で、1950（昭和《しょうわ》25）年《ねん》、朝鮮戦争《ちょうせんせんそう》がはじまりました。この戦争《せんそう》に参加《さんか》したアメリカ軍《ぐん》から軍事物資《ぐんじぶっし》の注文《ちゅうもん》を受《う》け、日本《にほん》タイヤの工場《こうじょう》は活気《かっき》づきます。

こうして戦後《せんご》の再出発《さいしゅっぱつ》に成功《せいこう》し、経営《けいえい》も軌道《きどう》に乗《の》った1951（昭和《しょうわ》26）年《ねん》、会社名《かいしゃめい》を「日本《にほん》タイヤ」から「ブリヂストンタイヤ」に変《か》えました。

◀1951（昭和《しょうわ》26）年《ねん》に新《あたら》しく制定《せいてい》されたブリヂストンタイヤの旗《はた》。

最新《さいしん》のタイヤ製造技術《せいぞうぎじゅつ》を導入《どうにゅう》

グッドイヤー社《しゃ》は、タイヤの芯《しん》にあたるコードという部分《ぶぶん》に、レーヨンという化学繊維《かがくせんい》を使《つか》っていました。レーヨンは、ブリヂストンタイヤがコードの素材《そざい》として使《つか》っていた綿《めん》よりもじょうぶで長《なが》もちし、しかも価格《かかく》が安《やす》いという利点《りてん》がありました。

これを知《し》ったブリヂストンタイヤは、いちはやくレーヨンコードの製造《せいぞう》に挑戦《ちょうせん》し、1951（昭和《しょうわ》26）年《ねん》からレーヨンコードのタイヤの販売《はんばい》をはじめました。結果《けっか》、各地《かくち》から「今度《こんど》のタイヤはすばらしい。もっとほしい」という声《こえ》があがり、レーヨンコードのタイヤは爆発的《ばくはつてき》に売《う》れていきました。

1955（昭和《しょうわ》30）年《ねん》には、グッドイヤー社《しゃ》からナイロン製《せい》のコードを使《つか》ったタイヤ製造技術《せいぞうぎじゅつ》を導入《どうにゅう》しました。こうして、レーヨンコードとナイロンコードの製造技術《せいぞうぎじゅつ》により、ブリヂストンタイヤの売《う》り上《あ》げはどんどんのびていきました。

◀1959（昭和《しょうわ》34）年《ねん》から本格的《ほんかくてき》に販売《はんばい》を開始《かいし》した、ナイロンコードを使《つか》ったタイヤの広告《こうこく》。

ブリヂストン ミニ事典《じてん》

タイヤの基礎知識《きそちしき》

タイヤは、ゴムのほか、さまざまな原料《げんりょう》を組《く》みあわせてできている。

タイヤには大《おお》きく分《わ》けると、「ラジアルタイヤ」と「バイアスタイヤ」の二種類《にしゅるい》がある。

ラジアルタイヤは、カーカスがタイヤの断面《だんめん》に対《たい》してまっすぐにまかれ、それをベルトでしめつけて補強《ほきょう》する（下図《かず》）。いっぽうバイアスタイヤでは、カーカスをななめに重《かさ》ね、タイヤの骨格《こっかく》をつくる。

ラジアルタイヤはバイアスタイヤにくらべ、高速《こうそく》で走《はし》ってもタイヤの変形《へんけい》が少《すく》ないなどの特徴《とくちょう》があり、現在《げんざい》おもに使《つか》われている。

●ラジアルタイヤの構造図《こうぞうず》

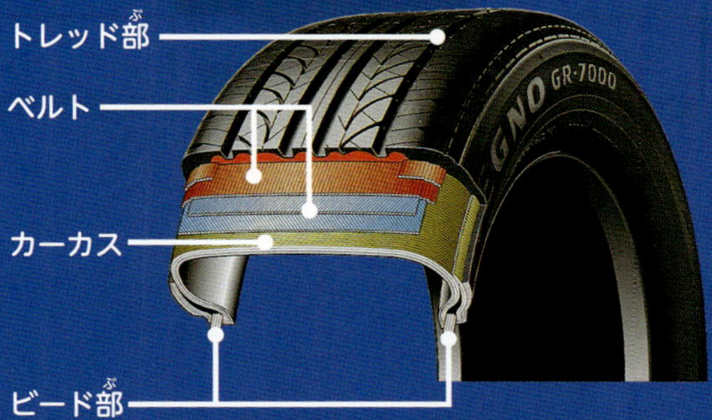

- **トレッド部《ぶ》**
  道路《どうろ》と接触《せっしょく》する厚《あつ》いゴム層《そう》の部分《ぶぶん》。走《はし》る道路《どうろ》の種類《しゅるい》によりさまざまなかたちのみぞがある。
- **カーカス**
  タイヤの骨格《こっかく》を形成《けいせい》する部分《ぶぶん》。レーヨン、ナイロンなどの化学繊維《かがくせんい》や、細《ほそ》いスチール（鋼鉄《こうてつ》）でできたコードをゴムでおおったもの。
- **ビード部《ぶ》**
  タイヤコードの両端《りょうたん》を、タイヤのホイール（内側《うちがわ》の金属《きんぞく》の部分《ぶぶん》）にしっかり固定《こてい》する。

7 自動車《じどうしゃ》があたりまえの時代《じだい》に

平和《へいわ》な時代《じだい》をむかえ、日本《にほん》の景気《けいき》がよくなっていくと自動車産業《じどうしゃさんぎょう》は成長《せいちょう》。タイヤの生産量《せいさんりょう》も増加《ぞうか》していく。

日本《にほん》の自動車産業《じどうしゃさんぎょう》

日本《にほん》は第二次世界大戦《だいにじせかいたいせん》で大《おお》きな被害《ひがい》をこうむったものの、自動車産業《じどうしゃさんぎょう》では復興《ふっこう》がすすみ、国産車《こくさんしゃ》の製造《せいぞう》がじょじょに開始《かいし》されました。しかし、その性能《せいのう》は、まだまだ外国車《がいこくしゃ》にはおよびませんでした。しかも、サラリーマンの月給《げっきゅう》が数千円《すうせんえん》の時代《じだい》に、価格《かかく》は1000cc《シーシー》（現在《げんざい》の小型車《こがたしゃ》）クラスで約《やく》100万円《まんえん》だったため、一般《いっぱん》の人《ひと》びとにはとても手《て》が届《とど》きませんでした。

しかし、日本《にほん》の自動車産業《じどうしゃさんぎょう》は、改良《かいりょう》を重《かさ》ねながら着実《ちゃくじつ》に自動車《じどうしゃ》の性能《せいのう》を高《たか》めていき、1960（昭和《しょうわ》35）年《ねん》には、トヨタ、日産《にっさん》、富士重工《ふじじゅうこう》などの自動車《じどうしゃ》メーカー各社《かくしゃ》が、国産車《こくさんしゃ》の大量生産《たいりょうせいさん》に成功《せいこう》します。

車社会《くるましゃかい》の時代《じだい》へ

日本政府《にほんせいふ》は1955（昭和《しょうわ》30）年《ねん》、一般《いっぱん》の人《ひと》びとにも手《て》の届《とど》く乗用車《じょうようしゃ》の開発《かいはつ》をすすめる「国民車《こくみんしゃ》構想《こうそう》」を発表《はっぴょう》しました。これを受《う》けて、自動車《じどうしゃ》メーカー各社《かくしゃ》は、次《つぎ》つぎに大衆車《たいしゅうしゃ》（低価格《ていかかく》の家《か》庭向《ていむ》けの自動車《じどうしゃ》）の生産《せいさん》と販売《はんばい》に乗《の》りだします。1958（昭和《しょうわ》33）年《ねん》、富士重工《ふじじゅうこう》が42.5万円《まんえん》のスバル360を、1961（昭和《しょうわ》36）年《ねん》、トヨタが40万円《まんえん》を切《き》るパブリカを発売《はつばい》し、1966（昭和《しょうわ》41）年《ねん》には、日産《にっさん》が41万円《まんえん》のサニーを発売《はつばい》しました。

景気《けいき》がよくなり、国民《こくみん》の所得《しょとく》が増《ふ》え、大衆車《たいしゅうしゃ》はどんどん売《う》れていきます。自動車《じどうしゃ》の普及《ふきゅう》でタイヤの需要《じゅよう》も増《ふ》え、タイヤメーカー各社《かくしゃ》は、テレビコ

▶1958（昭和《しょうわ》33）年《ねん》に発売《はつばい》されたスバル360 K《ケイ》111型《がた》。初期《しょき》の軽自動車《けいじどうしゃ》の代表的《だいひょうてき》なものとなった。

写真提供：トヨタ博物館

▲1961（昭和《しょうわ》36）年《ねん》に発売《はつばい》されたパブリカUP《ユーピー》10型《がた》。「パブリカ」という車名《しゃめい》は、英語《えいご》の「Public《パブリック》」（一般《いっぱん》の）と「Car《カー》」（自動車《じどうしゃ》）を組《く》みあわせたもの。

写真提供：トヨタ博物館

写真：毎日新聞社

▲1969（昭和《しょうわ》44）年《ねん》、東名高速道路《とうめいこうそくどうろ》の静岡《しずおか》（静岡県静岡市《しずおかけんしずおかし》）から岡崎《おかざき》（愛知県岡崎市《あいちけんおかざきし》）が開通《かいつう》したことを祝《いわ》う式典《しきてん》。

マーシャルを使《つか》った宣伝合戦《せんでんがっせん》をくり広《ひろ》げました。1966（昭和《しょうわ》41）年《ねん》には、「どこまでも行《い》こう」というブリヂストンタイヤのコマーシャルソングが、中学校《ちゅうがっこう》の音楽《おんがく》の教科書《きょうかしょ》にのるほどの人気《にんき》となりました。

自動車産業《じどうしゃさんぎょう》の成長《せいちょう》

1964（昭和《しょうわ》39）年《ねん》の東京《とうきょう》オリンピックの成功《せいこう》により、日本経済《にほんけいざい》はますます成長《せいちょう》していきます。消費《しょうひ》が活発《かっぱつ》になったこのころは、自動車《じどうしゃ》（Car《カー》）、カラーテレビ（Color《カラー》 TV《ティーヴイ》）、クーラー（Cooler《クーラー》）が新《あたら》しい時代《じだい》の生活必需品《せいかつひつじゅひん》として宣伝《せんでん》され、頭文字《かしらもじ》の３つのC《シー》をとって3C《シー》時代《じだい》ともよばれました。

1969（昭和《しょうわ》44）年《ねん》には、東京《とうきょう》と名古屋《なごや》をむすぶ東名高速道路《とうめいこうそくどうろ》が完成《かんせい》しました。大衆車《たいしゅうしゃ》の登場《とうじょう》により、自動車《じどうしゃ》をもつ家庭《かてい》が増《ふ》えていきました。

自動車産業《じどうしゃさんぎょう》の成長《せいちょう》は1990年代《ねんだい》の中《なか》ごろまでつづきます。1965（昭和《しょうわ》40）年《ねん》には200万台《まんだい》足《た》らずだった自動車《じどうしゃ》の年間生産台数《ねんかんせいさんだいすう》は、1990（平成《へいせい》２）年《ねん》には約《やく》6.5倍《ばい》の1300万台《まんだい》に達《たっ》しました。同《おな》じように、タイヤの生産量《せいさんりょう》も、約《やく》５倍《ばい》に増加《ぞうか》していきました。

時代《じだい》はラジアルタイヤへ

日本《にほん》で自動車《じどうしゃ》の普及《ふきゅう》がすすむなか、欧米《おうべい》ではタイヤメーカー各社《かくしゃ》が、安全性《あんぜんせい》だけではなく、新《あたら》しい性能《せいのう》をもつタイヤの開発《かいはつ》をすすめていました。

フランスのミシュラン社《しゃ》が開発《かいはつ》し、製品化《せいひんか》していたタイヤは、コード部分《ぶぶん》にスチールを採用《さいよう》し、レーヨンやナイロンを使《つか》ったそれまでのタイヤとくらべて、耐久性《たいきゅうせい》にすぐれたものでした。ブリヂストンタイヤはそれまで、バイアスタイヤ(→p15)をおもに生産《せいさん》していましたが、ミシュラン社《しゃ》のようにコードにスチールを使《つか》うには、ラジアルタイヤのほうが適《てき》していることがわかりました。

こうして、ブリヂストンタイヤはラジアルタイヤの開発《かいはつ》を他社《たしゃ》にくらべはやくからすすめました。ラジアルタイヤは性能《せいのう》のよさから予想以上《よそういじょう》の人気《にんき》になり、発売《はつばい》から数年後《すうねんご》の1967（昭和《しょうわ》42）年《ねん》に７万《まん》５千本《せんぼん》だった生産量《せいさんりょう》は、1977（昭和《しょうわ》52）年《ねん》には440万本《まんぼん》と、大幅《おおはば》に増加《ぞうか》しました。この年《とし》には乗用車《じょうようしゃ》とバス、トラック用《よう》タイヤの合計《ごうけい》で、半分近《はんぶんちか》くがラジアルタイヤとなりました。

8 理想《りそう》の工場《こうじょう》と企業《きぎょう》づくりをめざす

1950年代中《ねんだいなか》ごろからはじまった日本《にほん》の高度経済成長《こうどけいざいせいちょう》は、世界《せかい》から奇跡《きせき》の成長《せいちょう》とまでいわれた。その成長期《せいちょうき》に、石橋正二郎《いしばししょうじろう》が取《と》り組《く》んだのは、環境《かんきょう》との共生《きょうせい》を重視《じゅうし》した工場《こうじょう》の建設《けんせつ》だった。

人《ひと》と自然《しぜん》が共生《きょうせい》する工場《こうじょう》を

自動車《じどうしゃ》の普及《ふきゅう》によるタイヤの需要《じゅよう》の増加《ぞうか》を見《み》込《こ》んだブリヂストンタイヤは、1955（昭和《しょうわ》30）年《ねん》ごろから、新《あたら》しい工場《こうじょう》の建設《けんせつ》を考《かんが》えます。1957（昭和《しょうわ》32）年《ねん》、東京都《とうきょうと》の小平市《こだいらし》に広大《こうだい》な土地《とち》を購入《こうにゅう》しました。

正二郎《しょうじろう》は、東京工場《とうきょうこうじょう》の建設《けんせつ》にあたって、かねてから思《おも》いえがいていた「理想《りそう》の工場《こうじょう》」の実現《じつげん》をめざします。それは、タイヤの生産過程《せいさんかてい》ででる、煙《えん》突《とつ》からのすすや煙《けむり》、機械《きかい》からの騒音《そうおん》、ごみや汚水《おすい》を、いっさいださない工場《こうじょう》でした。

▶▼東京都小平市《とうきょうとこだいらし》につくられた1960（昭和《しょうわ》35）年当時《ねんとうじ》の東京工場《とうきょうこうじょう》（右《みぎ》）と、現在《げんざい》の東京工場《とうきょうこうじょう》と技術《ぎじゅつ》センター（下《した》）。

このころ企業《きぎょう》の多《おお》くは、目先《めさき》の利益《りえき》を求《もと》め、環《かん》境対策《きょうたいさく》は二《に》の次《つぎ》にしていましたが、正二郎《しょうじろう》はすでに、人《ひと》と自然《しぜん》が共生《きょうせい》する工場《こうじょう》をつくることを考《かんが》えていたのです。

最新《さいしん》の工場《こうじょう》をつくる

工場《こうじょう》の設計《せっけい》にあたっては正二郎《しょうじろう》みずからが構想《こうそう》をねり、北半分《きたはんぶん》を生産工場《せいさんこうじょう》、南半分《みなみはんぶん》は研究所《けんきゅうしょ》と社《しゃ》宅《たく》や病院《びょういん》、幼稚園《ようちえん》などの社員用《しゃいんよう》の施設《しせつ》にしました。「社員《しゃいん》の家族《かぞく》が不自由《ふじゆう》なく生活《せいかつ》し、一家《いっか》の主人《しゅじん》が安心《あんしん》して働《はたら》けるようにしたい」という正二郎《しょうじろう》の思《おも》

1995（平成《へいせい》7）年《ねん》に栃木工場《とちぎこうじょう》に設置《せっち》された、日本初《にほんはつ》の廃《はい》タイヤ専《せん》用焼却発電設備《ようしょうきゃくはつでんせつび》。使《つか》われなくなったタイヤを有効《ゆうこう》に利用《りよう》する目的《もくてき》でつくられた。タイヤの焼却《しょうきゃく》によって発生《はっせい》した熱《ねつ》を利用《りよう》し、発電《はつでん》がおこなわれている。

いからのことでした。

工場《こうじょう》は、光《ひかり》を多《おお》く採《と》り入《い》れて換気《かんき》をよくするために、天井《てんじょう》を高《たか》くし、最新式《さいしんしき》の設備《せつび》が取《と》りつけられました。当時《とうじ》、燃料《ねんりょう》には石炭《せきたん》が多《おお》く使《つか》われていましたが、石炭《せきたん》を燃《も》やしたときにでる汚《よご》れた煙《けむり》や水《みず》、ちりやほこりを減《へ》らすため、東京工場《とうきょうこうじょう》では当《とう》時《じ》として画期的《かっきてき》な重油《じゅうゆ》[*1]を使《つか》うことに決《き》めました。こうして1960（昭和《しょうわ》35）年《ねん》から、環境《かんきょう》に配慮《はいりょ》した東京工場《とうきょうこうじょう》での生産《せいさん》が開始《かいし》されました。

ふたつの決断《けつだん》

ブリヂストンタイヤは、創業以来《そうぎょういらい》、会社《かいしゃ》の株式《かぶしき》を石橋家《いしばしけ》が保有《ほゆう》していました。このような会社《かいしゃ》を同族会社《どうぞくがいしゃ》といいます。同族会社《どうぞくがいしゃ》では、経営《けいえい》の主導《しゅどう》権《けん》は親《おや》から子《こ》どもへと引《ひ》きつがれること（世襲経《せしゅうけい》営《えい》という）が少《すく》なくありません。

正二郎《しょうじろう》と、正二郎《しょうじろう》のあとに社長《しゃちょう》をついだ長男《ちょうなん》の石橋幹一郎《いしばしかんいちろう》は、それぞれある決断《けつだん》をします。

正二郎《しょうじろう》の決断《けつだん》は、保有《ほゆう》している株式《かぶしき》を上場《じょうじょう》[*2]すること。そして幹一郎《かんいちろう》の決断《けつだん》は、世襲経営《せしゅうけいえい》がつづくと会社《かいしゃ》の活力《かつりょく》が失《うしな》われるという考《かんが》えから、経営《けいえい》者《しゃ》を石橋家以外《いしばしけいがい》の人間《にんげん》にするということでした。幹一郎《かんいちろう》が社長《しゃちょう》を引退《いんたい》すると、副社長《ふくしゃちょう》をつとめていた柴本重理《しばもとしげみち》が第三代《だいさんだい》の社長《しゃちょう》に就任《しゅうにん》しました。

企業《きぎょう》は公器《こうき》なり

「事業《じぎょう》は世《よ》のため人《ひと》のため」という創業時《そうぎょうじ》の正《しょう》二郎《じろう》の信念《しんねん》は、時代《じだい》をへて、「企業《きぎょう》は公器《こうき》」という考《かんが》え方《かた》になっていきます。企業《きぎょう》は、株主《かぶぬし》や社員《しゃいん》のため、タイヤを買《か》う人《ひと》のためだけにあるのではなく、社会全体《しゃかいぜんたい》に役立《やくだ》つためにあるべきだということです。

保有《ほゆう》している株式《かぶしき》を上場《じょうじょう》し、世襲経営《せしゅうけいえい》をやめたのも、石橋家以外《いしばしけいがい》に経営《けいえい》の主導権《しゅどうけん》をわたし、「企業《きぎょう》は公器《こうき》」を実現《じつげん》するためだったといえます。

＊1 原油《げんゆ》からつくられる燃料《ねんりょう》の一種《いっしゅ》。
＊2 証券取引所《しょうけんとりひきじょ》で売買《ばいばい》の対象《たいしょう》にすること。

9 生活《せいかつ》と産業《さんぎょう》を支《ささ》える もうひとつの顔《かお》

ブリヂストンは、タイヤ以外《いがい》の分野《ぶんや》でも、生活用《せいかつよう》の製品《せいひん》から工業製品《こうぎょうせいひん》まで、さまざまなものを製造《せいぞう》している。

ウレタンの生産開始《せいさんかいし》

ブリヂストンでは1952（昭和《しょうわ》27）年《ねん》、クッションやマットレスの中身《なかみ》に使《つか》われているウレタンという素材《そざい》の生産《せいさん》を開始《かいし》しました。

当時《とうじ》は、布団《ふとん》の中身《なかみ》といえば綿《めん》の時代《じだい》だったので、ウレタン素材《そざい》のものは、最初《さいしょ》はなかなか売《う》れませんでした。ところが、デパートであつかわれるようになってから、綿布団《めんぶとん》のように干《ほ》す必要《ひつよう》がなく、手入《てい》れがかんたんだということが知《し》られ、普及《ふきゅう》していきました。

ウレタンは、やわらかくて加工《かこう》しやすいことから、自動車《じどうしゃ》の座席《ざせき》などに、幅広《はばひろ》く使《つか》われています。

工業用《こうぎょうよう》ゴム製品《せいひん》

工場《こうじょう》の生産《せいさん》ラインに使《つか》われるベルトコンベア、自動車《じどうしゃ》の防音《ぼうおん》や乗《の》り心地《ごこち》の向上《こうじょう》に欠《か》かせない防振《ぼうしん》ゴムなど、工業用《こうぎょうよう》ゴム製品《せいひん》の分野《ぶんや》でも、ブリヂストンの製品《せいひん》が多《おお》く使《つか》われています。

たとえば、鉄道《てつどう》に関《かん》するさまざまな技術《ぎじゅつ》の研究《けんきゅう》をおこなう、鉄道研究所《てつどうけんきゅうしょ》の要請《ようせい》で試作《しさく》した空気《くうき》ばねは、新幹線《しんかんせん》の車両用《しゃりょうよう》として発展《はってん》し、現在《げんざい》ブリヂストンではさまざまなタイプの空気《くうき》ばねがつくられています。

1984（昭和《しょうわ》59）年《ねん》に販売《はんばい》を開始《かいし》した免震《めんしん》ゴム*は、その性能《せいのう》が高《たか》く評価《ひょうか》され、1995（平成《へいせい》7）年《ねん》の阪神《はんしん》・淡路大震災《あわじだいしんさい》をきっかけに注目《ちゅうもく》されました。

また、1980年代半《ねんだいなか》ばには、全長《ぜんちょう》57km《キロメートル》のスチールベルトコンベアのベルトをインドネシアに納入《のうにゅう》するなど、工業用《こうぎょうよう》ゴム製品《せいひん》の分野《ぶんや》では、その実力《じつりょく》が国際的《こくさいてき》に評価《ひょうか》されています。

*地震《じしん》による建物《たてもの》の被害《ひがい》をおさえるため、建物《たてもの》と地盤《じばん》のあいだに入《い》れ、地震《じしん》のエネルギーを吸収《きゅうしゅう》して、ゆれが建物《たてもの》に伝《つた》わらないようにするゴム。

▲ブリヂストンの空気《くうき》ばね。ゴムでできた膜《まく》のなかに圧縮《あっしゅく》した空気《くうき》を入《い》れてばねの働《はたら》きをもたせ、鉄道車両《てつどうしゃりょう》や自動車《じどうしゃ》で、衝撃《しょうげき》をやわらげるために使《つか》われる。

◀20年以上《ねんいじょう》の実績《じっせき》をもつ、ブリヂストンの免震《めんしん》ゴム。80年以上《ねんいじょう》、タイヤの材料《ざいりょう》としてゴムをあつかってきた知識《ちしき》がいかされている。

▲ブリヂストングループのひとつ、ブリヂストンスポーツが「PHYZ《ファイズ》」のブランド名《めい》で販売《はんばい》しているゴルフボール。ボールのほか、ゴルフクラブなどのゴルフ用品《ようひん》も製造《せいぞう》・販売《はんばい》している。

◀ブリヂストングループのひとつ、ブリヂストンサイクルが製造《せいぞう》・販売《はんばい》しているスポーツ用自転車《ようじてんしゃ》「オルディナL 5《エルファイブ》」。

自転車《じてんしゃ》・スポーツ用品事業《ようひんじぎょう》への取《と》り組《く》み

ブリヂストンは、1950年代《ねんだい》から、自転車事業《じてんしゃじぎょう》に参入《さんにゅう》しています。ブリヂストンは、溶《と》かした金属《きんぞく》を型《かた》に流《なが》し込《こ》んで自転車《じてんしゃ》のフレーム（胴体《どうたい》の部分《ぶぶん》）をつくるという、ダイカスト法《ほう》を使《つか》った正確《せいかく》な組《く》み立《た》てに成功《せいこう》し、特許《とっきょ》を取得《しゅとく》しました。現在《げんざい》では、子《こ》ども用《よう》、買《か》い物用《ものよう》、レジャー用《よう》だけではなく、世界的《せかいてき》なロードレースに出場《しゅつじょう》するレース用《よう》の自転車《じてんしゃ》まで、あらゆる自転車《じてんしゃ》の製造《せいぞう》・販売《はんばい》を手《て》がけています。

また、ブリヂストンは、ゴムの反発力《はんぱつりょく》をいかしたゴルフボールや、ゴルフクラブ、ゴルフシューズ、テニスボールやテニスラケットなど、スポーツ用品《ようひん》の製造《せいぞう》・販売《はんばい》もおこなっています。

このようにブリヂストンは、自動車《じどうしゃ》のタイヤだけではなく、身近《みぢか》なところで、わたしたちの毎日《まいにち》とかかわっています。

ブリヂストン ミニ事典《じてん》

自動車生産《じどうしゃせいさん》に進出《しんしゅつ》

かつてブリヂストンは、自動車《じどうしゃ》の生産《せいさん》に乗《の》りだしたことがある。それは、ようやく国産車《こくさんしゃ》の生産《せいさん》が本格的《ほんかくてき》にはじまった1950（昭和《しょうわ》25）年《ねん》ごろのことだった。ブリヂストンは、ある自動車《じどうしゃ》メーカーと提携《ていけい》してプリンス自動車《じどうしゃ》という会社《かいしゃ》をつくり、実際《じっさい》に「プリンス」という自動車《じどうしゃ》を開発《かいはつ》した。

しかし、自動車《じどうしゃ》メーカーにタイヤを提供《ていきょう》するブリヂストンが自動車《じどうしゃ》を製造《せいぞう》することは、自動《じどう》車《しゃ》メーカーと競争関係《きょうそうかんけい》になるので好《この》ましくないと判断《はんだん》し、2年《ねん》ほどで事業《じぎょう》から撤退《てったい》。その後《ご》、プリンス自動車《じどうしゃ》は名車《めいしゃ》スカイラインなどを世《よ》におくりだし、1966（昭和《しょうわ》41）年《ねん》に日産自動車《にっさんじどうしゃ》と合併《がっぺい》した。

▶1952（昭和《しょうわ》27）年《ねん》につくられたプリンス自動車《じどうしゃ》の1号車《ごうしゃ》。

※20～21ページでは、ブリヂストンがブリヂストンタイヤという社名《しゃめい》だったときのことも記《しる》されているが、社名《しゃめい》はブリヂストンとした。

10 ファイアストン社《しゃ》の買収《ばいしゅう》と アメリカ進出《しんしゅつ》

1984（昭和《しょうわ》59）年《ねん》、ブリヂストンタイヤは社名《しゃめい》を現在《げんざい》のブリヂストンに変更《へんこう》。その4年後《ねんご》、「第二《だいに》の創業《そうぎょう》」といわれる変化《へんか》をむかえる。

世界経済《せかいけいざい》を直撃《ちょくげき》したオイルショック

1973（昭和《しょうわ》48）年《ねん》と1979（昭和《しょうわ》54）年《ねん》の2度《ど》にわたるオイルショック*1により、世界経済《せかいけいざい》は大打撃《だいだげき》をこうむりました。日本《にほん》でも、石油製品《せきゆせいひん》を中心《ちゅうしん》に物価《ぶっか》が上昇《じょうしょう》し、社会《しゃかい》は大《おお》きく混乱《こんらん》しました。自動車《じどうしゃ》などの売《う》り上《あ》げも落《お》ちこみました。

そのさなかの1976（昭和《しょうわ》51）年《ねん》3月《がつ》、ブリヂストンの創業者《そうぎょうしゃ》・石橋正二郎《いしばししょうじろう》は、87歳《さい》の生涯《しょうがい》を終《お》えました。

それから5年後《ねんご》の1981（昭和《しょうわ》56）年《ねん》、ブリヂストン*2は創立《そうりつ》50周年《しゅうねん》をむかえました。その翌年《よくとし》には、逆境《ぎゃっきょう》を乗《の》りこえて、1990年代《ねんだい》に世界《せかい》の3大《だい》タイヤメーカー（ビッグスリー）に入《はい》るという大《おお》きな目標《もくひょう》がかかげられました。

＊1 アラブの産油国《さんゆこく》が原油《げんゆ》の生産制限《せいさんせいげん》をしたことによって石油価格《せきゆかかく》が上昇《じょうしょう》し、世界経済《せかいけいざい》が混乱《こんらん》したできごと。

＊2 このページでは、1984年以前《ねんいぜん》のできごとも、社名《しゃめい》をブリヂストンと記《しる》している。

アメリカの工場《こうじょう》を買収《ばいしゅう》し現地生産《げんちせいさん》へ

アメリカに進出《しんしゅつ》するにあたり、巨大市場《きょだいしじょう》のアメリカでタイヤの売《う》り上《あ》げをのばすための方法《ほうほう》が考《かんが》えられました。それは、日本《にほん》から製品《せいひん》を輸出《ゆしゅつ》するのではなく、需要《じゅよう》の変化《へんか》にすぐ対応《たいおう》できるよう、生産《せいさん》と販売《はんばい》を現地《げんち》でおこなうことでした。

1983（昭和《しょうわ》58）年《ねん》、ブリヂストンは、当時《とうじ》アメリカ第《だい》2位《い》のタイヤメーカーのファイアストン社《しゃ》ナッシュビル工場《こうじょう》を買収《ばいしゅう》し、現地生産《げんちせいさん》をはじめます。ところが、買収以前《ばいしゅういぜん》にナッシュビル工《こう》場《じょう》で生産《せいさん》されていたタイヤは品質《ひんしつ》が低《ひく》く、とても自社《じしゃ》のタイヤとしては販売《はんばい》できませんでした。そこでブリヂストンは、工場《こうじょう》での仕事《しごと》のすすめ方《かた》を、一日《いちにち》もはやくブリヂストンのやり方《かた》に変《か》えようと考《かんが》え、日本《にほん》から役員《やくいん》を派遣《はけん》して立《た》てなおしをはか

▶アメリカ・オハイオ州《しゅう》のアクロンに設《せつ》立《りつ》されたブリヂストン／ファイアストン社《しゃ》の本社《ほんしゃ》。ブリヂストン／ファイアストン社《しゃ》は、ブリヂストンがファイアストン社《しゃ》を買収《ばいしゅう》し、アメリカに設立《せつりつ》した会社《かいしゃ》。

▲買収当時《ばいしゅうとうじ》、ブリヂストンの社長《しゃちょう》をつとめていた家入昭《いえいりあきら》（右《みぎ》）と、ファイアストン社《しゃ》のネビン会長《かいちょう》。

りました。タイヤの品質《ひんしつ》を最優先《さいゆうせん》にすることを決《き》め、きびしいチェックがおこなわれました。

試作《しさく》が何度《なんど》も重《かさ》ねられ、買収《ばいしゅう》の約《やく》1年後《ねんご》には日《に》本《ほん》で生産《せいさん》しているタイヤにまけない品質《ひんしつ》のタイヤをつくることができるようになりました。

これをきっかけに、ブリヂストンはアメリカへの進出《しんしゅつ》を本格化《ほんかくか》させていきます。

ファイアストン社《しゃ》を買収《ばいしゅう》

ブリヂストンはアジアを中心《ちゅうしん》に工場《こうじょう》をもっているいっぽう、ファイアストン社《しゃ》は、北米《ほくべい》、中南《ちゅうなん》米《べい》、ヨーロッパで大《おお》きな生産力《せいさんりょく》と販売力《はんばいりょく》をもち、売《う》り上《あ》げや知名度《ちめいど》の面《めん》でもブリヂストンを上回《うわまわ》っていました。そこで、アメリカのひとつの工場《こうじょう》の買収《ばいしゅう》にとどまらず、本格的《ほんかくてき》にファイアストン社《しゃ》の力《ちから》を借《か》りることで、世界全体《せかいぜんたい》で事業《じぎょう》を展開《てんかい》することができると、ブリヂストンは考《かんが》えました。

ところが、1988（昭和《しょうわ》63）年《ねん》になってファイアストン社《しゃ》との提携《ていけい》の交渉《こうしょう》をすすめはじめたところ、イタリアのタイヤメーカーのピレリ社《しゃ》がとつぜん、ファイアストン社《しゃ》の買収《ばいしゅう》の計画《けいかく》を発表《はっぴょう》しました。おどろいたブリヂストンは、アメリカとヨーロッパへの進出《しんしゅつ》をピレリ社《しゃ》に阻止《そし》されてはならないと判断《はんだん》し、わずか10日後《とおかご》に、ファイアストン社《しゃ》へ買収《ばいしゅう》の条件《じょうけん》を提示《ていじ》しました。ブリヂストンのすばやい対応《たいおう》でピレリ社《しゃ》は買収《ばいしゅう》を断念《だんねん》し、ファイアストン社《しゃ》との交渉《こうしょう》は無事《ぶじ》まとまりました。

世界《せかい》のビッグスリーに

ファイアストン社《しゃ》の買収《ばいしゅう》により、ブリヂストンは、ミシュラン社《しゃ》、グッドイヤー社《しゃ》にならぶ巨《きょ》大《だい》なタイヤメーカーになりました。1982（昭和《しょうわ》57）年《ねん》にかかげられた、「世界《せかい》のビッグスリーに入《はい》る」という目標《もくひょう》は、わずか6年《ねん》で達成《たっせい》されたのです。

ファイアストン社《しゃ》のもっていた知名度《ちめいど》や、タイヤの生産工場《せいさんこうじょう》、販売店網《はんばいてんもう》などは、このあとのブリヂストンの事業《じぎょう》に大《おお》きくいかされていきました。

ブリヂストン ミニ事典《じてん》

ブリヂストンシンボル

1984（昭和《しょうわ》59）年《ねん》、ブリヂストンタイヤは新《あら》たな時代《じだい》への飛躍《ひやく》をめざし、社名《しゃめい》を「ブリヂストン」に変更《へんこう》した。同時《どうじ》に、日本《にほん》から世界《せかい》をめざすにはブリヂストンの名前《なまえ》を浸透《しんとう》させることが鍵《かぎ》だと考《かんが》えた。

そこで、ブリヂストン（Bridgestone《ブリヂストン》）の文《も》字《じ》からつくったロゴと、頭文字《かしらもじ》「B《ビー》」からつくったマークを使《つか》い、ブリヂストンをより強《つよ》く印象《いんしょう》づけられるようにした。これ以降《いこう》、赤《あか》と黒《くろ》を基《き》調《ちょう》にしたあざやかなシンボルが、世界《せかい》じゅうで広告《こうこく》や看板《かんばん》に使《つか》われるようになり、ブリヂストンの名前《なまえ》が定着《ていちゃく》していった。

●ブリヂストンシンボル*

ブリヂストンマーク

ブリヂストンロゴ

＊1984（昭和《しょうわ》59）年《ねん》につくられ、2011（平成《へいせい》23）年《ねん》2月《がつ》まで使用《しよう》された。

11 世界一《せかいいち》への挑戦《ちょうせん》

**ファイアストン社《しゃ》の買収《ばいしゅう》によって
世界《せかい》のビッグスリーの一員《いちいん》となったブリヂストンは、
アメリカ、さらにヨーロッパでも存在感《そんざいかん》をつよめ、
ブリヂストンの社名《しゃめい》は世界《せかい》じゅうに知《し》られるようになる。**

ブリヂストンのライバル

ブリヂストンがビッグスリーの一員《いちいん》となるまでには、フランスのミシュラン社《しゃ》とアメリカのグッドイヤー社《しゃ》の２社《しゃ》が大《おお》きなタイヤメーカーとして知《し》られていました。

ブリヂストンは、ファイアストン社《しゃ》のナッシュビル工場《こうじょう》の買収《ばいしゅう》によってアメリカ市場《しじょう》への足場《あしば》をかため、グッドイヤー社《しゃ》に戦《たたか》いをいどむと同時《どうじ》に、最強《さいきょう》のライバルのミシュラン社《しゃ》がまち受《う》けるヨーロッパ市場《しじょう》への挑戦《ちょうせん》をはじめます。

1982（昭和《しょうわ》57）年《ねん》には、ドイツの自動車《じどうしゃ》メーカー・ポルシェ社《しゃ》の車《くるま》に装着《そうちゃく》できる「ポテンザRE91《アールイー》」というタイヤを開発《かいはつ》しました。その品質《ひんしつ》が認《みと》められ、こんどはポルシェ社《しゃ》から専用《せんよう》のタイヤの開発《かいはつ》を依頼《いらい》され、ヨーロッパ進出《しんしゅつ》の足《あし》がかりをつくりました。

F１《エフワン》への参入《さんにゅう》

ヨーロッパでの販売《はんばい》をひろげたいと考《かんが》えたブリヂストンは、1996（平成《へいせい》８）年《ねん》にF１《エフワン》レースへの参入《さんにゅう》を発表《はっぴょう》します。F１《エフワン》は、イギリスでうまれ、現在《げんざい》は世界各地《せかいかくち》で開催《かいさい》される、ヨーロッパでとくに人気《にんき》のある自動車《じどうしゃ》レースです。F１《エフワン》にブリヂストン製《せい》のタイヤを供給《きょうきゅう》することで、技術力《ぎじゅつりょく》の高《たか》さを証明《しょうめい》でき、広告効果《こうこくこうか》も期待《きたい》できると考《かんが》えたのです。

はじめて参入《さんにゅう》した1997（平成《へいせい》９）年《ねん》、全《ぜん》17戦《せん》のうち、ブリヂストン製《せい》のタイヤを使《つか》ったチームが３位《い》を１回《かい》、２位《い》を３回《かい》、１位《い》を１回獲得《かいかくとく》しました。その結果《けっか》、それまでタイヤの供給《きょうきゅう》を独占《どくせん》していたグッドイヤー社《しゃ》に衝撃《しょうげき》をあたえ、「タイヤの技術競争《ぎじゅつきょうそう》」と報道《ほうどう》されました。さらに、レースの中継《ちゅうけい》とともにブリヂストンの看板《かんばん》が世界《せかい》じゅうのテレビに映《うつ》り、ブリヂストンの名前《なまえ》が広《ひろ》く知《し》られるようになりました。

ブリヂストンは2010（平成《へいせい》22）年《ねん》を最後《さいご》に、F１《エフワン》からは撤退《てったい》していますが、現在《げんざい》でもMotoGP《モトジーピー》やスーパーフォーミュラなど、さまざまなモータースポーツにタイヤを提供《ていきょう》しています。

◀ブリヂストンがタイヤを供給《きょうきゅう》していたレース、フォーミュラ・ニッポン。2013（平《へい》成《せい》25）年《ねん》からはスーパーフォーミュラという名前《なまえ》になり、ひきつづきブリヂストンのタイヤが使《つか》われている。

次《つぎ》つぎに発表《はっぴょう》される新技術《しんぎじゅつ》

アメリカやヨーロッパでブリヂストンが受《う》け入《い》れられたのは、革新的《かくしんてき》な技術開発《ぎじゅつかいはつ》の積《つ》み重《かさ》ねのおかげだといわれています。ほかにはない発想《はっそう》で、つねに時代《じだい》の先端《せんたん》をいく製品《せいひん》をつくりつづけてきた実績《じっせき》は、世界的《せかいてき》に高《たか》く評価《ひょうか》されています。

1993（平成《へいせい》5）年《ねん》に発表《はっぴょう》したタイヤの新技術《しんぎじゅつ》「ドーナツ」は、アメリカタイヤ学会論文賞《がっかいろんぶんしょう》を受《じゅ》賞《しょう》しました。

1995（平成《へいせい》7）年《ねん》からは、燃費《ねんび》が低《ひく》く環境《かんきょう》にやさしいタイヤ「ECOPIA《エコピア》」を開発《かいはつ》し、現在《げんざい》までブリヂストンの主力《しゅりょく》の商品《しょうひん》となっています。2005（平成《へいせい》17）年《ねん》に新技術《しんぎじゅつ》を用《もち》いて開発《かいはつ》した「Playz《プレイズ》」は、幅広《はばひろ》い世代《せだい》から支持《しじ》され、グッドデザイン賞《しょう》*を受賞《じゅしょう》しました。

世界一《せかいいち》のタイヤメーカーへ

ブリヂストンでは、世界《せかい》シェアをさらに拡大《かくだい》するために、2003（平成《へいせい》15）年《ねん》、ヨーロッパでの事業全体《じぎょうぜんたい》の見直《みなお》しをおこないました。さらに、アメリカ市場《しじょう》へのタイヤの供給量《きょうきゅうりょう》を増《ふ》やすため、2005（平成《へいせい》17）年《ねん》にメキシコに新工場《しんこうじょう》を建設《けんせつ》しました。また、中国《ちゅうごく》、アジア、太平洋地域《たいへいようちいき》においても、生産拠点《せいさんきょてん》を拡大《かくだい》しました。

このような世界《せかい》に向《む》けての戦略《せんりゃく》や高《たか》い技術力《ぎじゅつりょく》により、ブリヂストンは、2008（平成《へいせい》20）年《ねん》から2011（平成《へいせい》23）年現在《ねんげんざい》も、世界《せかい》のタイヤ売《う》り上《あ》げ高《だか》で世界一《せかいいち》を維持《いじ》しています。

ブリヂストン ミニ事典《じてん》

タイヤの国内生産累計《こくないせいさんるいけい》20億本《おくほん》

ブリヂストンが福岡県《ふくおかけん》の久留米《くるめ》工場《こうじょう》でタイヤの生産《せいさん》を開始《かいし》したのは、1930（昭和《しょうわ》5）年《ねん》だった。この年《とし》、生産本数《せいさんほんすう》わずか6万本《まんぼん》でスタートしたブリヂストンのタイヤの国内生産累計《こくないせいさんるいけい》（それまでに生産《せいさん》した本数《ほんすう》の合計《ごうけい》）は、57年後《ねんご》の1987（昭和《しょうわ》62）年《ねん》に10億本《おくほん》になり、その14年《ねん》後《ご》の2001（平成《へいせい》13）年《ねん》には、20億本《おくほん》を達成《たっせい》した。

10億本《おくほん》から20億本《おくほん》になるのに要《よう》した年数《ねんすう》は、6万本《まんぼん》から10億本《おくほん》になるのに要《よう》した年数《ねんすう》の約《やく》4分《ぶん》の1というはやさだった。

▲2012（平成《へいせい》24）年《ねん》から販売《はんばい》されている、「ECOPIA《エコピア》 EP《イーピー》001S《エス》」。燃費《ねんび》がよく、また、高《たか》いグリップ性能《せいのう》をもつことから、路面《ろめん》をしっかりとらえ、ぬれた道路《どうろ》でも安定《あんてい》して走《はし》ることができる。

▼2005（平成《へいせい》17）年《ねん》におこなわれた「Playz《プレイズ》」の発表会《はっぴょうかい》。

＊くらしと産業《さんぎょう》、そして社会全体《しゃかいぜんたい》を豊《ゆた》かにする「よいデザイン」を表彰《ひょうしょう》する制度《せいど》。

12 オートバイから大型《おおがた》ダンプのタイヤまで

ブリヂストンが生産《せいさん》するタイヤは、直径《ちょっけい》60cm《センチメートル》前後《ぜんご》のオートバイ用《よう》から、4m《メートル》をこえるダンプ用《よう》の超大型《ちょうおおがた》のものまで、多種多様《たしゅたよう》だ。

飛行機《ひこうき》のタイヤにもブリヂストン

ブリヂストンのタイヤは、エアバスやボーイング、三菱航空機《みつびしこうくうき》のMRJ《エムアールジェイ》など、さまざまな飛行機《ひこうき》のタイヤとして採用《さいよう》され、高《たか》い信頼《しんらい》を得《え》ています。

飛行機用《ひこうきよう》タイヤの表面温度《ひょうめんおんど》は、着陸《ちゃくりく》するときには250℃《ど》にもなります。いっぽう、飛行機《ひこうき》が飛《と》んでいるとき、高度《こうど》1万m《まんメートル》の気温《きおん》は−《マイナス》45℃《ど》です。そして、離着陸《りちゃくりく》のときには数百t《すうひゃくトン》もの飛行機《ひこうき》の重量《じゅうりょう》を支《ささ》える必要《ひつよう》があります。この過酷《かこく》な条件《じょうけん》にたえるために、安全性《あんぜんせい》の確保《かくほ》はもちろん、くりかえしおこなわれる離着陸《りちゃくりく》のときの耐摩耗性《たいまもうせい》*を高《たか》め、軽量化《けいりょうか》を実現《じつげん》する技術力《ぎじゅつりょく》が求《もと》められます。

こうした飛行機用《ひこうきよう》のタイヤでも、ブリヂストンの技術《ぎじゅつ》は、世界《せかい》トップレベルです。

* 摩耗《まもう》（ものがすり減《へ》ること）に対《たい》する耐久性《たいきゅうせい》。

▲2005（平成《へいせい》17）年《ねん》からブリヂストンがタイヤを供給《きょうきゅう》する大型飛行機《おおがたひこうき》・エアバス380。ブリヂストンは、エアバス社《しゃ》のすべての機種《きしゅ》にタイヤを提供《ていきょう》している。

▲ブリヂストンのタイヤが装着《そうちゃく》されることが決《き》まっている小型《こがた》ジェット機《き》・MRJ《エムアールジェイ》の完成《かんせい》イメージ。MRJ《エムアールジェイ》は、2015年《ねん》の初号機納入《しょごうきのうにゅう》をめざして日本《にほん》で開発《かいはつ》がすすめられている。

▼飛行機《ひこうき》に装着《そうちゃく》されたブリヂストンのタイヤ。

世界最大級《せかいさいだいきゅう》のタイヤ

アメリカやカナダ、オーストラリア、中南米《ちゅうなんべい》の鉱山《こうざん》では、巨大《きょだい》なタイヤを装着《そうちゃく》した超大型《ちょうおおがた》ダンプトラックが活躍《かつやく》しています。

ブリヂストンは、この超大型《ちょうおおがた》ダンプ用《よう》のタイヤとして、2001（平成《へいせい》13）年《ねん》に、約《やく》400t《トン》を積載《せきさい》できるラジアルタイヤ(→p15)の開発《かいはつ》に成功《せいこう》しました。タイヤの直径《ちょっけい》は約《やく》4m《メートル》、幅《はば》は約《やく》1.5m《メートル》、重《おも》さは約《やく》5t《トン》にもなります。

山口県《やまぐちけん》の下関工場《しものせきこうじょう》と福岡県《ふくおかけん》の北九州工場《きたきゅうしゅうこうじょう》では、おもにこの大型《おおがた》タイヤがつくられ、世界各地《せかいかくち》に輸出《ゆしゅつ》されています。巨大《きょだい》なタイヤの製造《せいぞう》には、高度《こうど》な生産技術《せいさんぎじゅつ》と大型《おおがた》の特殊設備《とくしゅせつび》が必要《ひつよう》で、メーカーはかぎられます。ブリヂストンは、その数少《かずすく》ないメーカーのひとつなのです。

▶▼世界《せかい》の鉱山《こうざん》で使用《しよう》される超大型《ちょうおおがた》ダンプ。大型《おおがた》のタイヤは工場近《こうじょうちか》くの港《みなと》から船《ふね》に積《つ》みこまれ、必要《ひつよう》な場所《ばしょ》へ運《はこ》ばれる。下《した》はペルーの鉱山《こうざん》で撮影《さつえい》された写真《しゃしん》。

13 「安全《あんぜん》はすべてに優先《ゆうせん》する」企業姿勢《きぎょうしせい》

ブリヂストンは、「安全《あんぜん》」「安心《あんしん》」が最大《さいだい》の価値《かち》だという考《かんが》えのもと、安全《あんぜん》へのさまざまな取《と》り組《く》みをおこなっている。

「安全宣言《あんぜんせんげん》」

ブリヂストンには、「安全《あんぜん》はすべてに優先《ゆうせん》する」という言葉《ことば》をかかげた「安全宣言《あんぜんせんげん》」があります。安全《あんぜん》はすべての企業経営《きぎょうけいえい》の基盤《きばん》だという考《かんが》えのもと、職場《しょくば》での災害防止《さいがいぼうし》や、衛生管理《えいせいかんり》の取《と》り組《く》みをグループ全体《ぜんたい》ですすめています。

また、ブリヂストンは「交通事故《こうつうじこ》のない安全《あんぜん》なクルマ社会《しゃかい》を実現《じつげん》する」ことを目標《もくひょう》に、研究開発《けんきゅうかいはつ》をつづけています。

新商品《しんしょうひん》の開発《かいはつ》にあたって欠《か》かせないのが、タイヤの性能《せいのう》のテストです。タイヤを実際《じっさい》に自動車《じどうしゃ》に装着《そうちゃく》して、ぬれた道路《どうろ》や雪《ゆき》のつもった道路《どうろ》での安《あん》全性《ぜんせい》はどうか、乗《の》り心地《ごこち》はどうかなどを調《しら》べます。ブリヂストンは、世界《せかい》８か国《こく》・10か所《しょ》にある試《し》験場《けんじょう》でこのテストをおこない、タイヤの性能《せいのう》をきびしくチェックしています。

「安全《あんぜん》」「安心《あんしん》」を実現《じつげん》していくことは、簡単《かんたん》そうに見《み》えて、じつはとてもむずかしいことです。しかし、タイヤメーカーとして、このむずかしさに挑戦《ちょうせん》しつづけることこそが、企業《きぎょう》の責任《せきにん》です。タイヤにとって、「安全《あんぜん》」「安心《あんしん》」にまさる性能《せいのう》はないと、ブリヂストンは考《かんが》えています。

▲ぬれた道路《どうろ》でカーブを曲《ま》がる場合《ばあい》の、タイヤのブレーキのきき方《かた》などの性能《せいのう》を調《しら》べるテスト。

タイヤセーフティー活動《かつどう》

タイヤの安全《あんぜん》は、つくる側《がわ》のブリヂストンだけで実現《じつげん》できるものではなく、タイヤを日々使用《ひびしよう》するドライバーの協力《きょうりょく》があってこそ実現《じつげん》すると、ブリヂストンは考《かんが》えています。そこで、ブリヂストンとドライバーが協力《きょうりょく》し、社会全体《しゃかいぜんたい》で安全《あんぜん》を実現《じつげん》することをめざしています。

そのひとつとして、日本《にほん》をふくめ世界各地《せかいかくち》でブリヂストン独自《どくじ》の「タイヤセーフティー活動《かつどう》」をおこなっています。この活動《かつどう》では、タイヤや自転車《じてんしゃ》の使《つか》い方《かた》をよりよく理解《りかい》してもらい、安全《あんぜん》な社会《しゃかい》をつくるため、タイヤの点検《てんけん》や、安全運転《あんぜんうんてん》の講習会《こうしゅうかい》などをおこなっています。

▲シンガポールでのタイヤセーフティー活動《かつどう》。ショッピングモールでタイヤの安全点検《あんぜんてんけん》をおこない、正《ただ》しい点検方法《てんけんほうほう》などを伝《つた》えた。

ブリヂストン ミニ事典《じてん》

「タイヤは生命《いのち》を乗《の》せている」

自動車《じどうしゃ》が普及《ふきゅう》するにつれ、1955（昭和《しょうわ》30）年《ねん》に9万《まん》3千件《ぜんけん》だった自動車事故《じどうしゃじこ》は、15年後《ねんご》の1970（昭和《しょうわ》45）年《ねん》には71万《まん》8千件《せんけん》と8倍近《ばいちか》くになり、大《おお》きな社会問題《しゃかいもんだい》になった。

タイヤは、自動車《じどうしゃ》の全重量《ぜんじゅうりょう》を、地面《じめん》と接《せっ》するわずかはがき4枚分《まいぶん》の大《おお》きさで支《ささ》えている。この小《ちい》さな接地面《せっちめん》が、「走《はし》る」「曲《ま》がる」「止《と》まる」という基本性能《きほんせいのう》をになっている。ブリヂストンは、どんなに安全性《あんぜんせい》が高《たか》いタイヤでも、運転者《うんてんしゃ》のタイヤ点検《てんけん》が十分《じゅうぶん》でなければ事故《じこ》はふせげないという考《かんが》えから、「タイヤは生命《いのち》を乗《の》せている」というメッセージを発《はっ》し、タイヤ点検《てんけん》の必要性《ひつようせい》をうったえている。

▲ブリヂストンのタイヤセーフティー活動《かつどう》のシンボルマーク。

▲南米《なんべい》のコスタリカで、無料《むりょう》で毎年《まいとし》おこなっている、タイヤの空気圧《くうきあつ》点検《てんけん》。正《ただ》しいタイヤ点検《てんけん》をおこなうことで、事故《じこ》やCO_2《シーオーツー》の排出量《はいしゅつりょう》が減《へ》ることをドライバーにひろめている。

▲日本各地《にほんかくち》のショッピングセンターでおこなわれている、タイヤの安全点検《あんぜんてんけん》の普及活動《ふきゅうかつどう》。写真《しゃしん》は2011（平成《へいせい》23）年《ねん》の札幌《さっぽろ》でのようす。

14 ブリヂストンの社会活動《しゃかいかつどう》

ブリヂストンは、世界最大級《せかいさいだいきゅう》のタイヤメーカーとして責任《せきにん》をはたすため、タイヤ事業《じぎょう》のほかにも、環境活動《かんきょうかつどう》やイルカの命《いのち》をすくう挑戦《ちょうせん》などさまざまな分野《ぶんや》で社会《しゃかい》に貢献《こうけん》する活動《かつどう》をおこなっている。

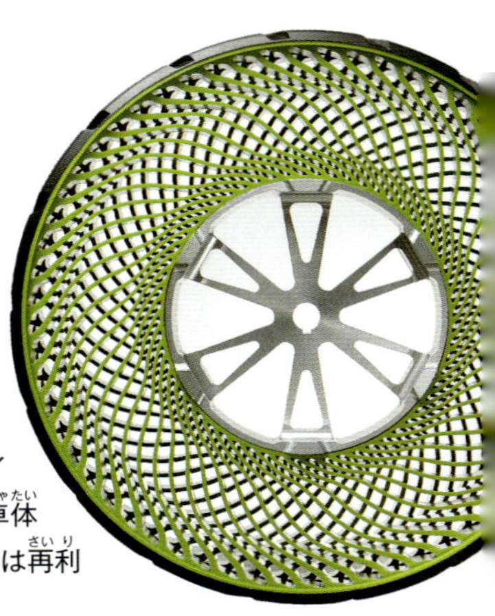

▶2011（平成《へいせい》23）年《ねん》に開発《かいはつ》された、空気《くうき》の入《はい》っていない「非空気入《ひくうきい》りタイヤ（エアフリーコンセプト）」。タイヤの側面《そくめん》の部材《ぶざい》（黄緑色《きみどりいろ》の部分《ぶぶん》）で車体《しゃたい》を支《ささ》える。パンクの心配《しんぱい》がなく、材料《ざいりょう》は再利用可能《さいりようかのう》で環境《かんきょう》にやさしい。

ブリヂストンの「環境宣言《かんきょうせんげん》」

2002（平成《へいせい》14）年《ねん》、ブリヂストンは「環境理念《かんきょうりねん》」を制定《せいてい》し、「未来《みらい》のすべての子《こ》どもたちが『安心《あんしん》』して暮《く》らしていくために…」として、環境活動《かんきょうかつどう》に取《と》り組《く》んでいく姿勢《しせい》を明確《めいかく》にしました。この環境理念《かんきょうりねん》は、2009（平成《へいせい》21）年《ねん》に「環境宣言《かんきょうせんげん》」として新《あたら》しくなり、2011（平成《へいせい》23）年《ねん》からは、「自然《しぜん》と共生《きょうせい》する」、「資源《しげん》を大切《たいせつ》に使《つか》う」、「CO_2《シーオーツー》を減《へ》らす」という３つの活動《かつどう》の方向性《ほうこうせい》を設定《せってい》しています。

●「自然《しぜん》と共生《きょうせい》する」

タイヤの原材料《げんざいりょう》の調達《ちょうたつ》から生産《せいさん》、そして使用済《しようず》みのタイヤの処理《しょり》まで、ブリヂストンは環境活動《かんきょうかつどう》に取《と》り組《く》むことで、自然《しぜん》との共生《きょうせい》をはかっています。世界各地《せかいかくち》で森《もり》と生物多様性《せいぶつたようせい》*の保全《ほぜん》に力《ちから》を入《い》れているほか、使用済《しようず》みタイヤのリサイクルに取《と》り組《く》むことで、大気《たいき》や水域《すいいき》の汚染《おせん》をふせぎ、CO_2《シーオーツー》（二酸化炭素《にさんかたんそ》）の排出《はいしゅつ》をおさえ、生物多様性《せいぶつたようせい》を守《まも》ることに貢献《こうけん》しています。

●「資源《しげん》を大切《たいせつ》に使《つか》う」

タイヤをつくるときに必要《ひつよう》なものは、天然《てんねん》ゴムや石油《せきゆ》、水《みず》などのかぎりある地球資源《ちきゅうしげん》です。ブリヂストンは、これらの貴重《きちょう》な資源《しげん》をたいせつに使《つか》っていくための技術開発《ぎじゅつかいはつ》に挑戦《ちょうせん》しています。それが、「100％《パーセント》サステナブルマテリアル化《か》」という目標《もくひょう》です。
この考《かんが》えは、タイヤの材料《ざいりょう》としてかぎりがある資源《しげん》を使《つか》うのではなく、「持続可能《じぞくかのう》な資源《しげん》（サステナブルマテリアル）」を使《つか》うというものです。パラゴムノキ由来《ゆらい》の天然《てんねん》ゴムにかわる材料《ざいりょう》として、乾燥地域《かんそうちいき》で育《そだ》つグアユールやロシアタンポポなどの研究《けんきゅう》をおこない、材料《ざいりょう》の生産地域《せいさんちいき》をひろげる試《こころ》みや、タイヤに使《つか》われる原材料《げんざいりょう》を半分《はんぶん》にする研究《けんきゅう》などをすすめています。

▶2020年《ねん》の実用化《じつようか》を目標《もくひょう》に、研究開発《けんきゅうかいはつ》がすすめられている「100％《パーセント》サステナブルマテリアルコンセプトタイヤ」。

●「CO_2《シーオーツー》を減《へ》らす」

ブリヂストンは、生産《せいさん》から販売《はんばい》、流通《りゅうつう》、廃棄《はいき》のすべての段階《だんかい》で、CO_2《シーオーツー》の排出量《はいしゅつりょう》を減《へ》らす取《と》り組《く》みをすすめるとともに、自動車《じどうしゃ》の走行時《そうこうじ》のCO_2排出量削減《シーオーツーはいしゅつりょうさくげん》を実現《じつげん》したタイヤを開発《かいはつ》・生産《せいさん》しています。その代表的《だいひょうてき》な製品《せいひん》が低燃費《ていねんぴ》タイヤ「ECOPIA《エコピア》」(→p25)です。

◀2011（平成《へいせい》23）年《ねん》に改定《かいてい》された、ブリヂストンの環境宣言《かんきょうせんげん》のポスター。

＊地球上《ちきゅうじょう》にさまざまな生物《せいぶつ》が生《い》きていること。

日本《にほん》での環境活動《かんきょうかつどう》

●ブリヂストンこどもエコ絵画《かいが》コンクール

かけがえのない自然環境《しぜんかんきょう》をえがいた子《こ》どもたちの絵《え》を、2003（平成《へいせい》15）年《ねん》から全国各地《ぜんこくかくち》で募集《ぼしゅう》しています。

●B《ビー》・フォレスト エコピアの森《もり》

森《もり》を守《まも》る運動《うんどう》を2005（平成《へいせい》17）年《ねん》から開始《かいし》し、2012（平成《へいせい》24）年《ねん》の時点《じてん》で、「エコピアの森《もり》」と名《な》づけられた活動拠点《かつどうきょてん》が全国《ぜんこく》８か所《しょ》にひろがっています。

▲全国《ぜんこく》にあるエコピアの森《もり》のひとつ、「B《ビー》・フォレスト エコピアの森《もり》 那須塩原《なすしおばら》」（栃木県《とちぎけん》）。

●ブリヂストン環境《かんきょう》ものづくり教室《きょうしつ》

ものづくりをする会社《かいしゃ》のしくみ、それにまつわる仕事《しごと》など、会社《かいしゃ》の環境《かんきょう》への取《と》り組《く》みや、働《はたら》くことについて学《まな》ぶ教室《きょうしつ》です。

▲ブリヂストン環境《かんきょう》ものづくり教室《きょうしつ》のようす。工場経営体験《こうじょうけいえいたいけん》をするボードゲームをしながら、働《はたら》くことについて考《かんが》える。

世界《せかい》での環境活動《かんきょうかつどう》

●地球温暖化防止《ちきゅうおんだんかぼうし》

中国《ちゅうごく》では、2008（平成《へいせい》20）年《ねん》から開催《かいさい》している安全運転《あんぜんうんてん》の指導《しどう》にくわえ、2009（平成《へいせい》21）年《ねん》からエコドライブ*レッスンを開催《かいさい》。環境《かんきょう》にやさしい運転《うんてん》による地球温暖化防止《ちきゅうおんだんかぼうし》への意識《いしき》を高《たか》めています。

●生物多様性保全《せいぶつたようせいほぜん》

カナダでは、河川環境保護活動《かせんかんきょうほごかつどう》の支援《しえん》をとおして、水資源《みずしげん》の保全《ほぜん》をすすめることで、生物多様性《せいぶつたようせい》（→p30）の保全《ほぜん》に貢献《こうけん》しています。このほか、フィリピン、スペインなどでの植林《しょくりん》や、アメリカでの野生生物《やせいせいぶつ》の生息地《せいそくち》の保全《ほぜん》をおこなっています。

●循環型社会《じゅんかんがたしゃかい》への貢献《こうけん》

スペインのブリヂストン工場《こうじょう》では、子《こ》どもたちを対象《たいしょう》に「3R《スリーアール》」の周知活動《しゅうちかつどう》を実施《じっし》しています。3R《スリーアール》とは、「Reduce《リデュース》」（ごみを減《へ》らす）、「Reuse《リユース》」（再使用《さいしよう》する）、「Recycle《リサイクル》」（ふたたび資源《しげん》にする）を意味《いみ》し、環境保護《かんきょうほご》のキーワードとされています。ブリヂストンはこの3R《スリーアール》をひろめることで、持続可能《じぞくかのう》な循環型社会《じゅんかんがたしゃかい》づくりをすすめています。

＊地球環境《ちきゅうかんきょう》へあたえる影響《えいきょう》が少《すく》ない運転《うんてん》。

ブリヂストン ミニ事典《じてん》

ブリヂストンの協賛活動《きょうさんかつどう》

ブリヂストンは、さまざまなテーマパークへの協賛《きょうさん》*活動《かつどう》をおこなっている。東京《とうきょう》ディズニーランドと東京《とうきょう》ディズニーシー、三重県志摩市《みえけんしまし》の志摩《しま》スペイン村《むら》などのテーマパークへのアトラクションの提供《ていきょう》などだ。そのほかにも、国内《こくない》・海外《かいがい》でおこなわれる車《くるま》の展示会《てんじかい》でタイヤの最新《さいしん》技術《ぎじゅつ》を紹介《しょうかい》したり、ゴルフトーナメント「ブリヂストンオープン」を開催《かいさい》したりしている。

＊催《もよお》しの趣旨《しゅし》に賛同《さんどう》し、資金《しきん》をだすことにより協力《きょうりょく》すること。

イルカの尾《お》びれをつくる

2002（平成《へいせい》14）年《ねん》、沖縄美《おきなわちゅ》ら海水族館《うみすいぞくかん》からブリヂストンに、ある依頼《いらい》がありました。病気《びょうき》にかかって尾《お》びれを切除《せつじょ》したバンドウイルカの「フジ」に、ゴムで尾《お》びれをつくってほしいというのです。

フジは尾《お》びれの手術《しゅじゅつ》のあと、以前《いぜん》のように仲間《なかま》といっしょに泳《およ》ぐことができず、プールにただ浮《う》かんでいることが多《おお》くなりました。そんなようすをかわいそうに思《おも》った水族館《すいぞくかん》の獣医師《じゅういし》は、イルカの皮《ひ》ふの感触《かんしょく》がゴムに似《に》ていることから、ブリヂストンへ話《はなし》をもちかけたのです。

動物《どうぶつ》を相手《あいて》にした開発《かいはつ》ははじめての経験《けいけん》、しかも人工尾《じんこうお》びれの開発《かいはつ》は、世界《せかい》でもはじめてのことでした。しかし、フジをもういちど泳《およ》がせたいという思《おも》いから、ブリヂストンは人工尾《じんこうお》びれの開発《かいはつ》に挑戦《ちょうせん》することを決《き》めました。

▶▼改良《かいりょう》をくりかえす段階《だんかい》でつくられた尾《お》びれの3D《スリーディー》データ（右《みぎ》）。これをもとにつくられた尾《お》びれをフジに装着《そうちゃく》（下《した》）。現在《げんざい》、フジは元気《げんき》な姿《すがた》を見《み》せている。

©加藤文雄

ジャンプできる尾《お》びれを

ブリヂストンは水族館《すいぞくかん》とともに人工尾《じんこうお》びれの開発《かいはつ》をはじめ、何度《なんど》も改良《かいりょう》を重《かさ》ねました。人工尾《じんこうお》びれをつけたフジは少《すこ》しずつ、以前《いぜん》のように泳《およ》げるようになりました。しかしその結果《けっか》、困《こま》ったことがおこりました。フジが尾《お》びれを強《つよ》く振《ふ》ってジャンプしようとしたため、人工尾《じんこうお》びれが割《わ》れてしまったのです。それほどフジの力《ちから》が回復《かいふく》するとは、だれも予想《よそう》していませんでした。

こんどは「フジにジャンプさせてやりたい」という思《おも》いから、ブリヂストンは必要《ひつよう》な強度《きょうど》を計算《けいさん》し、素材《そざい》を改良《かいりょう》するなど、さらに強《つよ》い尾《お》びれの開発《かいはつ》をすすめました。そして2004（平成《へいせい》16）年《ねん》、ついにフジは大《だい》ジャンプに成功《せいこう》しました。

フジの命《いのち》を支《ささ》えたこの挑戦《ちょうせん》は世界《せかい》じゅうに知《し》られ、人《ひと》びとの感動《かんどう》をよびました。

©加藤文雄

写真提供：海洋博公園・イルカラグーン

資料編《しりょうへん》①

日本《にほん》のタイヤ生産《せいさん》ゴム量《りょう》の移《うつ》り変《か》わり

1950（昭和《しょうわ》25）年《ねん》、自動車《じどうしゃ》の生産台数《せいさんだいすう》は、乗用《じょうよう》車《しゃ》、トラック、バスなどをあわせてもわずか3万《まん》2千台《せんだい》で、タイヤ生産用《せいさんよう》のゴムの量《りょう》は、1万《まん》4千《せんトン》tでした。本格的《ほんかくてき》な車社会《くるましゃかい》の時代《じだい》をむかえる1970年代《ねんだい》には、自動車《じどうしゃ》の生産台数《せいさんだいすう》は500万台《まんだい》から、1000万《まん》台《だい》をこえるまでになりました。

タイヤ生産用《せいさんよう》のゴム量《りょう》も、自動車《じどうしゃ》の生産台数《せいさんだいすう》とともにのびつづけ、1980年代《ねんだい》の終《お》わりからは100万《まんトン》tをこえるようになりました。2007（平成《へいせい》15）年《ねん》には約《やく》135万《まんトン》tになりましたが、これは、1950（昭和《しょうわ》25）年《ねん》の量《りょう》の約《やく》100倍《ばい》です。2009（平成《へいせい》21）年《ねん》の世界経済《せかいけいざい》の悪化《あっか》で、生産《せいさん》ゴム量《りょう》は100万《まんトン》tを切《き》りましたが、その後《ご》は回復《かいふく》して、現在《げんざい》にいたっています。

下《した》のグラフからは、ブリヂストンの成長《せいちょう》を支《ささ》えた、日本《にほん》の自動車《じどうしゃ》の生産台数《せいさんだいすう》とタイヤ生産《せいさん》ゴム量《りょう》の増加《ぞうか》を見《み》てとることができます。

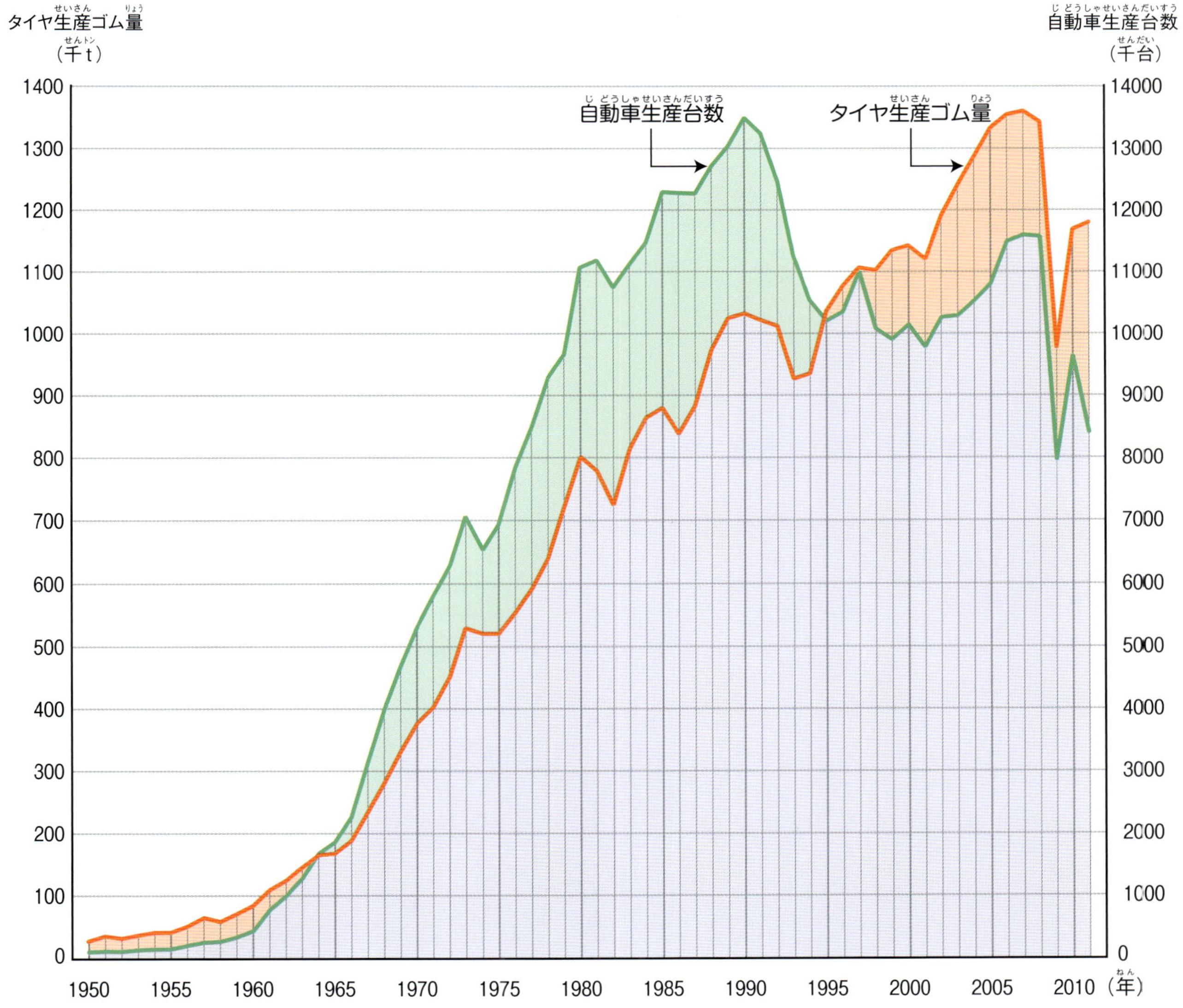

■出典《しゅってん》:『日本《にほん》のタイヤ産業《さんぎょう》2012』（一般社団法人《いっぱんしゃだんほうじん》日本《にほん》自動車《じどうしゃ》タイヤ協会《きょうかい》）

ブリヂストンの歴史《れきし》

1931（昭和《しょうわ》6）年《ねん》の創業《そうぎょう》から現在《げんざい》まで、
ブリヂストンが世界的《せかいてき》な大企業《だいきぎょう》に成長《せいちょう》してきた歩《あゆ》みを年表《ねんぴょう》でたどってみよう。

1889(明治《めいじ》22)年《ねん》

ブリヂストンの創業者《そうぎょうしゃ》・石橋正二郎《いしばししょうじろう》がうまれる。

1930(昭和《しょうわ》 5)年《ねん》

第《だい》１号《ごう》のタイヤの開発《かいはつ》に成功《せいこう》。

1931(昭和《しょうわ》 6)年《ねん》

「ブリッヂストンタイヤ」を設立《せつりつ》。

1934(昭和《しょうわ》 9)年《ねん》

久留米工場《くるめこうじょう》（現久留米第《げんくるめだい》１工場《こうじょう》）が完成《かんせい》、タイヤの本格《ほんかく》生産《せいさん》を開始《かいし》。

1937(昭和《しょうわ》12)年《ねん》

本社《ほんしゃ》を福岡県久留米市《ふくおかけんくるめし》から東京都千代田区《とうきょうとちよだく》の内幸町《うちさいわいちょう》に移転《いてん》。

1942(昭和《しょうわ》17)年《ねん》

第二次世界大戦《だいにじせかいたいせん》にともない、社名《しゃめい》を「日本《にほん》タイヤ」に変更《へんこう》。

1951(昭和《しょうわ》26)年《ねん》

第二次世界大戦終了《だいにじせかいたいせんしゅうりょう》により社名《しゃめい》を「ブリヂストンタイヤ」に変更《へんこう》。

ブリヂストンビル(本社《ほんしゃ》ビル)が完成《かんせい》。

1953(昭和《しょうわ》28)年《ねん》

タイヤ売《う》り上《あ》げ高《だか》が100億円《おくえん》を突破《とっぱ》し、国内《こくない》１位《い》になる。

1961(昭和《しょうわ》36)年《ねん》

ブリヂストンタイヤの株式公開《かぶしきこうかい》を実施《じっし》し、東京《とうきょう》・大阪証《おおさかしょう》券取引所《けんとりひきじょ》に株式《かぶしき》を上場《じょうじょう》する。

1962(昭和《しょうわ》37)年《ねん》

日本初《にほんはつ》のトラック・バス用《よう》スチールラジアルタイヤを開発《かいはつ》。

1964(昭和《しょうわ》39)年《ねん》

日本初《にほんはつ》の乗用車用《じょうようしゃよう》ラジアルタイヤを開発《かいはつ》。

1968(昭和《しょうわ》43)年《ねん》

すぐれた品質管理《ひんしつかんり》を実施《じっし》している企業《きぎょう》にあたえられる「デミング賞実施賞《しょうじっししょう》」を受賞《じゅしょう》。

1976(昭和《しょうわ》51)年《ねん》

創業者《そうぎょうしゃ》・石橋正二郎《いしばししょうじろう》、死去《しきょ》。

1979(昭和《しょうわ》54)年《ねん》

国内向《こくないむ》けに、乗用車用《じょうようしゃよう》スチールラジアルタイヤのブランド「POTENZA《ポテンザ》」を発売《はつばい》。

1981(昭和《しょうわ》56)年《ねん》

創業《そうぎょう》50周年《しゅうねん》。乗用車用高級《じょうようしゃようこうきゅう》ラジアルタイヤのブランド「REGNO《レグノ》」を発売《はつばい》。

1982(昭和《しょうわ》57)年《ねん》

乗用車用《じょうようしゃよう》のスタッドレスタイヤ（雪《ゆき》の上《うえ》や凍《こお》った道路《どうろ》を安全《あんぜん》に走《はし》れる冬用《ふゆよう》のタイヤ）を他社《たしゃ》に先《さき》がけて発売《はつばい》。

1983(昭和《しょうわ》58)年《ねん》

アメリカ第《だい》２位《い》のタイヤメーカー・ファイアストン社《しゃ》のナッシュビル工場《こうじょう》を正式《せいしき》に買収《ばいしゅう》し、北《きた》アメリカに初《はつ》の生《せい》産拠点《さんきょてん》を確保《かくほ》。

1984(昭和《しょうわ》59)年《ねん》

社名《しゃめい》を「ブリヂストン」に変更《へんこう》するとともに、ブリヂストンシンボルを新《あたら》しくする。

1988(昭和《しょうわ》63)年《ねん》

アメリカのファイアストン社《しゃ》を26億《おく》ドルで買収《ばいしゅう》。

1989(平成元《へいせいがん》)年《ねん》

アメリカで「ブリヂストン／ファイアストン・インク」(略称BFS《りゃくしょうビーエフエス》)を設立《せつりつ》。

1990(平成《へいせい》 2)年《ねん》

欧州統括会社《おうしゅうとうかつがいしゃ》「ブリヂストン／ファイアストン・ヨーロッパ エス エー」（略称BFE《りゃくしょうビーエフイー》)を設立《せつりつ》。

1995(平成《へいせい》 7)年《ねん》

低燃費《ていねんぴ》タイヤのブランド「ECOPIA《エコピア》」を発売《はつばい》。

1997(平成《へいせい》 9)年《ねん》

F1《エフワン》レースへの参入《さんにゅう》を開始《かいし》。

1998(平成《へいせい》10)年《ねん》

ブリヂストンタイヤ装着《そうちゃく》チームとドライバーが、F1《エフワン》でワールドチャンピオンを獲得《かくとく》。

2001(平成《へいせい》13)年《ねん》

コーポレートミュージアム「ブリヂストンTODAY《トゥデイ》」を開設《かいせつ》。

「ブリヂストン信条《しんじょう》」「経営姿勢《けいえいしせい》」「私《わたし》たちの約束《やくそく》」「行動《こうどう》指針《ししん》」から構成《こうせい》される企業理念《きぎょうりねん》を制定《せいてい》。

2002(平成《へいせい》14)年《ねん》

創業者《そうぎょうしゃ》・石橋正二郎《いしばししょうじろう》が「日本自動車殿堂《にほんじどうしゃでんどう》」入《い》り。

経営《けいえい》ビジョン・ブランドビジョン・環境理念《かんきょうりねん》を制定《せいてい》。

2004(平成《へいせい》16)年《ねん》

中国《ちゅうごく》に、タイヤ事業《じぎょう》を統括《とうかつ》する普利司通《ブリストン》(中国《ちゅうごく》)投資有限《とうしゆうげん》公司《こうし》を設立《せつりつ》。

2005(平成《へいせい》17)年《ねん》

新《しん》ブランド「Playz《プレイズ》」を発売《はつばい》。

2006(平成《へいせい》18)年《ねん》

創業者《そうぎょうしゃ》・石橋正二郎《いしばししょうじろう》が「米国自動車殿堂《べいこくじどうしゃでんどう》」入《い》り。

2007(平成《へいせい》19)年《ねん》

古《ふる》くなったタイヤのゴムの部分《ぶぶん》だけをはりなおして再生《さいせい》する「リトレッド」で高《たか》い技術《ぎじゅつ》をもつ、アメリカのバンダグ社《しゃ》を買収《ばいしゅう》。

2011(平成《へいせい》23)年《ねん》

創業《そうぎょう》80周年《しゅうねん》。企業理念《きぎょうりねん》とブリヂストンシンボルを新《あたら》しくする。

BRIDGESTONE

▲2011(平成《へいせい》23)年《ねん》にリファイン*されたブリヂストンシンボル。

＊これまで築《きず》き上《あ》げてきたものをみがき上《あ》げること。

▶石橋正二郎《いしばししょうじろう》の米国自動車殿堂入《べいこくじどうしゃでんどうい》り(2006年《ねん》)のトロフィー。

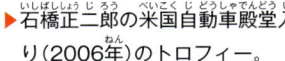

資料編《しりょうへん》③

ブリヂストンTODAY《トゥデイ》を見学《けんがく》しよう!

ブリヂストンについての情報《じょうほう》や、タイヤ、ゴムのことがくわしくわかるゴムとタイヤの博物館《はくぶつかん》「ブリヂストンTODAY《トゥデイ》」は、ブリヂストンの技術《ぎじゅつ》センター（東京都小平市《とうきょうとこだいらし》）内《ない》にある。だれでも見学《けんがく》が可能《かのう》で、タイヤやゴムの知識《ちしき》が満載《まんさい》だ。

▲世界最大級《せかいさいだいきゅう》のタイヤの一部《いちぶ》。４等分《とうぶん》されたうちのひとつを展示《てんじ》し、大《おお》きさをしめしている。

■１階《かい》

ブリヂストンの歴史《れきし》や、タイヤの構造《こうぞう》などの基本的《きほんてき》な知識《しき》、F1《エフワン》などのモータースポーツに関《かん》する展示《てんじ》があります。

●モータースポーツコーナー

F1《エフワン》にブリヂストンが参戦《さんせん》するとき、準備《じゅんび》に使用《しよう》したテストカーや、実際《じっさい》にレースで使用《しよう》したタイヤなどの展示《てんじ》があり、レース用《よう》タイヤを手《て》にすることもできます。

▲F1《エフワン》のテストカーやMotoGP《モトジーピー》のチャンピオンマシン。

●タイヤの基礎知識《きそちしき》コーナー

ふだん見《み》ることができないタイヤの構造《こうぞう》や、世界《せかい》最大級《さいだいきゅう》のタイヤ、飛行機用《ひこうきよう》のタイヤなど、さまざまなタイヤの展示《てんじ》があります。

▲色《いろ》や大《おお》きさもさまざまなタイヤの展示《てんじ》。

■地下《ちか》1階《かい》

●免震見学《めんしんけんがく》コーナー

ブリヂストンTODAY《トゥデイ》がある技術《ぎじゅつ》センターの地下構造《ちかこうぞう》には、ブリヂストンの免震《めんしん》ゴムが使《つか》われています。ここでは、その免震《めんしん》ゴムが実際《じっさい》に設置《せっち》されているようすを見《み》ることができます。

▶免震《めんしん》ゴムの断面《だんめん》。ブリヂストンの免震《めんしん》ゴムは、うすいゴムの層《そう》と鋼《はがね》の板《いた》が交互《こうご》に重《かさ》なってできている。

▲技術《ぎじゅつ》センターの建物《たてもの》の地下《ちか》に取《と》りつけられている免震《めんしん》ゴム（黒《くろ》い部分《ぶぶん》）。

■2階《かい》

タイヤの生産工程《せいさんこうてい》や、ブリヂストンの技術《ぎじゅつ》、環境《かんきょう》への取《と》り組《く》みなどの展示《てんじ》があるフロアです。

●ブリヂストンのタイヤ生産《せいさん》コーナー

ブリヂストンのタイヤに関《かん》する研究《けんきゅう》・開発《かいはつ》や、タイヤができるまでの工程《こうてい》がわかります。

▲ゴムの木《き》から採取《さいしゅ》した天然《てんねん》ゴムから、タイヤができるまでの工程《こうてい》を解説《かいせつ》した模型《もけい》。

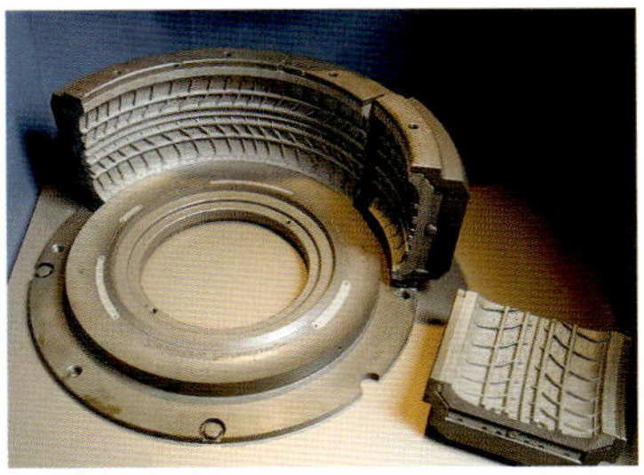

▶タイヤを成型《せいけい》するときに必要《ひつよう》な金型《かながた》。実際《じっさい》に工場《こうじょう》で使《つか》われていたものが展示《てんじ》されている。

●環境《かんきょう》への取《と》り組《く》みコーナー

低燃費《ていねんぴ》タイヤなどのブリヂストンの環境技術《かんきょうぎじゅつ》の実例《じつれい》や、環境《かんきょう》への取《と》り組《く》み目標《もくひょう》の紹介《しょうかい》を見《み》ることができます。

▲パンクしてもしばらくは一定《いってい》の速度《そくど》で走《はし》ることができる、ランフラットテクノロジー採用《さいよう》タイヤの技術《ぎじゅつ》を紹介《しょうかい》する展示《てんじ》。

■電話《でんわ》：042-342-6363
■住所《じゅうしょ》：東京都小平市小川東町《とうきょうとこだいらしおがわひがしちょう》3-1-1
〈アクセス〉西武国分寺線小川駅《せいぶこくぶんじせんおがわえき》から徒歩《とほ》5分《ふん》
〈開館時間《かいかんじかん》〉10:00～16:00（入館《にゅうかん》は15:30まで）
〈休館日《きゅうかんび》〉日曜《にちよう》、祝日《しゅくじつ》
〈入場料《にゅうじょうりょう》〉無料《むりょう》

さくいん

■ **編さん／こどもくらぶ**

「こどもくらぶ」は、あそび・教育・福祉の分野で、こどもに関する書籍を企画・編集しているエヌ・アンド・エス企画編集室の愛称。図書館用書籍として、以下をはじめ、毎年５～10シリーズを企画・編集・DTP製作している。
『家族ってなんだろう』『きみの味方だ！ 子どもの権利条約』『できるぞ！ NGO活動』『スポーツなんでも事典』『世界地図から学ぼう国際理解』『シリーズ格差を考える』『こども天文検定』『世界にはばたく日本力』『人びとをまもるのりもののしくみ』『世界をかえたインターネットの会社』（いずれもほるぷ出版）など多数。

■ **写真協力**（敬称略）

株式会社ブリヂストン、トヨタ博物館、毎日新聞社、三菱航空機株式会社、海洋博公園、加藤文雄

この本の情報は、2012年10月までに調べたものです。
今後変更になる可能性がありますので、ご了承ください。

■ **デザイン・DTP**

吉澤光夫

■ **企画・制作**

株式会社エヌ・アンド・エス企画

■ **取材**

末吉正三

見学！ 日本の大企業 ブリヂストン

初　版　第１刷　2013年３月20日
　　　　第４刷　2017年１月15日
編さん　こどもくらぶ
発　行　株式会社ほるぷ出版
　　　　〒169-0051 東京都新宿区西早稲田2-20-9
　　　　電話　03-5291-6781
発行人　高橋信幸
印刷所　共同印刷株式会社
製本所　株式会社ハッコー製本

NDC608　275×210mm　40P　ISBN978-4-593-58673-8

落丁・乱丁本は、購入書店名を明記の上、小社営業部宛にお送りください。送料小社負担にて、お取り替えいたします。